木质材料缓冲性能与应用

钟卫洲　谢若泽　何丽灵　万　强　著

科学出版社
北　京

内容简介

本书以几种木质材料为主要研究对象，从力学性能测试技术与表征方法、温度和湿度对木材力学性能的影响、木材胞元结构排列、力学性能的各向异性特征、中高速加载条件下力学性能应变率效应、载荷作用下各向异性材料结构应力分布理论分析、木材纤维与胞元结构的多尺度建模技术和含木材包装容器抗冲击侵彻工程应用等方面进行论述；结合细观显微观察与多尺度数值分析，揭示木材胞元结构排列对宏观力学性能的影响规律，并通过模型实验探讨木材冲击大变形下的冲击防护与能量耗散机制。

本书可供木材科学与工程、包装工程、材料力学等学科领域的科学研究和工程技术人员使用，也可供相关学科高年级本科生、研究生和教师参考。

图书在版编目(CIP)数据

木质材料缓冲性能与应用 / 钟卫洲等著. —北京：科学出版社，2021.11
ISBN 978-7-03-070165-7

Ⅰ.①木… Ⅱ.①钟… Ⅲ.①木材-缓冲-性能-研究 Ⅳ.①TS612

中国版本图书馆 CIP 数据核字（2021）第 215222 号

责任编辑：张 展 雷 蕾 / 责任校对：彭 映
责任印制：罗 科 / 封面设计：墨创文化

科学出版社 出版
北京东黄城根北街16号
邮政编码：100717
http://www.sciencep.com

成都锦瑞印刷有限责任公司印刷
科学出版社发行 各地新华书店经销

*

2021年11月第 一 版 开本：B5（720×1000）
2021年11月第一次印刷 印张：13
字数：262 000

定价：148.00 元
（如有印装质量问题，我社负责调换）

序

木材作为天然多胞各向异性复合材料，具有取材方便、纹理美观、保温隔热效果好等优良性能，被广泛地运用于工业和民用建筑，如运输缓冲容器、房屋建筑和桥梁等领域。木材细胞和组织平行树干生长方向呈轴向排列，射线组织垂直于树干呈径向排列，导致沿顺纹、横纹径向和横纹弦向具有不同的力学特性。木材宏观力学行为在小变形载荷作用下通常表现为线弹性，随着载荷的增加，胞壁结构经历屈曲、致密过程，应力-应变曲线呈非线性，其压缩平台应力区域较宽，可达变形 60%左右，具有良好的能量吸收特性。木材微观结构排列导致了力学行为呈现各向异性和应变率效应，研究宽应变率、不同加载方向下木材宏观力学行为、微结构演化历程与失效机制已受到科研工作者的高度关注。

近年来国内外研究者为了认识木材力学性能与微观组织结构、排列分布的关系，采用宏观力学性能实验测试结合微观结构显微观察的方式对木材顺纹、横纹径(弦)向静态力学行为进行了大量研究；同时借助数值模拟手段，采用多尺度建模技术模拟木材小变形行为和宏观材料性能参数分析，实现了对木材宏观变形失效行为的数值预测和过程重现，获得了分析对象内部应力与变形分布。中国工程物理研究院总体工程研究所长期从事材料与结构力学响应实验研究，测试对象涵盖从金属到非金属、从均质材料到非均质材料、从硬质材料到软材料，实验加载设备能力较为全面、测试技术先进、微细观观测设备完备，形成了一支在国内具有一定影响力的材料性能测试研究团队，近年来在木质材料静动态力学行为与冲击缓冲设计方面开展了系列工作。

本书首先从木材分类、细观胞元分布规律、力学性能实验测试与表征和含水率、温度、应变率对力学行为的影响进行简要介绍；通过对几种具有代表性的木质材料静动态实验测试，分析木材力学行为各向异性特征和大变形能量耗散行为；理论分析木材类各向异性材料在压缩作用下的应力场分布，解释木材微观结构顺纹压缩屈曲与横纹压缩循序坍塌现象；建立木材单根纤维和胞元结构的代表体积元模型，实现对不同加载速率下木材失效行为的多尺度数值分析；并通过木材包装箱模型结构实验与数值分析，探讨木质材料在包装容器结构设计中的抗冲击应用问题。本书的研究内容涉及木材性能表征方法、实验测试原理、理论分析推导、数值建模技术和工程应用实例，其中关于木质材料大变形缓冲性能与木材空间优化布局备受包装容器设计者关注。

本书深入浅出地对木质材料的静动态宏观力学行为、微观结构大变形失效机制、载荷作用下各向异性应力分布规律、木质纤维与胞元结构的多尺度建模分析进行阐述，相关研究工作可直接被从事木质材料工作的科研工作者和工程人员使用，同时对木材力学行为特性的科学认识和工程应用评估具有重要意义。

前　言

随着天然木材和人工木制品在工业产品、民用建筑和运输包装领域的应用日趋广泛，木质材料的空间各向异性、应变率敏感性和微细观结构与宏观力学性能的关联性被广大科研工作者持续关注。中国工程物理研究院总体工程研究所自20世纪90年代开始木材动态力学行为实验研究，测试木材动态力学性能基本参数，为冲击环境下木材变形与失效分析提供了参数输入；近年来不断发展木材类低阻抗材料动态力学性能测试分析技术，建立了材料应变率从准静态～10^4s^{-1} 的实验加载能力和测试分析方法。

作者所在团队近十年来围绕云杉、水杉、毛白杨几种典型“软木”和中纤板、刨花板等人工木质材料的静动态力学行为开展了系统实验，进行了理论和数值分析工作，获得了几种典型木质材料的各向异性行为、应变率效应；基于木材不同方向失效行为，建立了木材失效行为理论分析方法；结合木材纤维和胞元结构特征，探索了木材微细观结构多尺度数值分析方法；同时开展不同尺寸弹丸木材枪击实验，研究了木材抗侵彻性能。相关研究工作的开展为含木质材料建筑结构和包装容器在静动载荷下的响应与失效评估提供了基础数据。

本书以上述几种木质材料为研究对象，梳理中国工程物理研究院总体工程研究所近年来在木材力学性能实验研究和应用方面的工作，从不同应变率下实验测试与失效行为表征、木材多尺度建模方法和含木材包装容器结构工程应用开展论述。研究工作可深入认识宽应变率下木材各向异性行为特征、材料细观结构排列与宏观力学行为的关联性，相关成果对木材工程应用的优化设计与冲击响应评估有重要支撑作用。

本书由中国工程物理研究院总体工程研究所钟卫洲研究员、谢若泽研究员、何丽灵博士和万强研究员共同撰写，具体分工：第 1 章(钟卫洲)、第 2 章(2.1 节钟卫洲，2.2～2.4 节谢若泽，2.5 节万强)、第 3 章(钟卫洲)、第 4 章(4.1～4.2 节钟卫洲，4.3～4.5 节谢若泽)、第 5 章(5.1～5.2 节钟卫洲，5.3～5.4 节万强)、第 6 章(钟卫洲)、第 7 章(7.1～7.3 节谢若泽，7.4 节钟卫洲)、第 8 章(何丽灵)、第 9 章(钟卫洲)。全书由钟卫洲汇总，万强和何丽灵二人共同审阅完成。

本书涉及的实验工作主要由中国工程物理研究院总体工程研究所承担，在材料与结构实验理论设计与结果分析中，黄西成研究员、罗景润研究员、肖世富研究员、李明海研究员、郝志明研究员、陈刚研究员、黄鹏高级工程师和李继承副研究员提出了建设性建议；张方举研究员、牛伟高级工程师、岳晓红高级工程师、周宏亮高级工程师、陈勇梅工程师、何鹏高级工程师、徐艾民工程师、吴庆海技师和周苏枫工程师为实验项目测试分析开展了大量工作；颜怡霞研究员、张青平副研究员、邓志方副研究员和魏强助理研究员在木材细观结构数值建模分析中给予了有益讨论，在此一并表示感谢！

在本书撰写过程中，作者援引和参考了本学科领域公开著作、论文及标准，在此向相关作者表示感谢！本书成果的取得和立项出版得到了中国工程物理研究院总体工程研究所、工程材料与结构冲击振动四川省重点实验室、国家自然科学基金“宽应变率加载下云杉微结构演化与失效机制研究”(11302211)和国家重点基础研究发展计划“复杂装备研发数字化工具中的计算力学和多场耦合若干前沿问题”(2010CB832700)的支持，在此表示衷心感谢！

钟卫洲

2021 年 10 月

目　　录

第 1 章　绪论…………………………………………………………1
1.1　基本分类、胞元结构与材料方向…………………………………2
1.1.1　木材基本分类……………………………………………2
1.1.2　木材胞元结构……………………………………………3
1.1.3　主要材料方向……………………………………………5
1.2　木材宏观力学性能实验研究………………………………………6
1.2.1　主要力学性能指标………………………………………7
1.2.2　木材准静态力学性能实验………………………………10
1.2.3　动态力学性能测试研究…………………………………16
1.3　木材力学性能影响因素……………………………………………18
1.3.1　含水率效应………………………………………………19
1.3.2　温度效应…………………………………………………20
1.3.3　应变率效应………………………………………………21
1.4　木材改性技术………………………………………………………22
参考文献…………………………………………………………………23
第 2 章　木质材料准静态压缩各向异性力学行为…………………26
2.1　云杉准静态力学行为………………………………………………27
2.1.1　云杉弹性模量……………………………………………28
2.1.2　云杉准静态压缩实验……………………………………30
2.1.3　云杉准静态压缩吸能行为………………………………35
2.2　水杉准静态力学行为………………………………………………37
2.2.1　水杉弹性模量……………………………………………39
2.2.2　水杉准静态压缩实验……………………………………40

2.2.3 水杉准静态压缩吸能行为…………45
2.3 毛白杨准静态力学行为…………45
2.3.1 毛白杨弹性模量…………47
2.3.2 毛白杨准静态压缩实验…………48
2.3.3 毛白杨准静态压缩吸能行为…………52
2.4 人工木材准静态力学行为…………53
2.4.1 中密度纤维板准静态力学行为…………53
2.4.2 刨花板准静态力学行为…………57
2.5 木材压缩能量耗散机制理论分析…………60
2.5.1 能量耗散方式…………60
2.5.2 顺纹压缩屈曲分析…………60
2.5.3 横纹压缩塌陷分析…………63
2.6 本章小结…………65
参考文献…………66
第3章 中应变率加载下云杉力学行为研究…………68
3.1 试件制作…………69
3.2 中应变率压缩实验…………71
3.2.1 高速材料实验机…………71
3.2.2 实验测试结果…………72
3.3 各向异性特性与应变率效应分析…………76
3.3.1 各向异性特性…………76
3.3.2 应变率效应…………77
3.4 空间屈服面…………79
3.5 本章小结…………84
参考文献…………84
第4章 高应变率加载下木质材料力学行为实验测试…………87
4.1 动态压缩实验原理…………88
4.2 云杉动态力学性能实验…………89

4.2.1 顺纹方向加载实验……89
4.2.2 横纹径向加载实验……91
4.2.3 横纹弦向加载实验……92
4.2.4 应变率效应……94
4.3 水杉动态力学性能实验……94
4.3.1 顺纹方向加载实验……95
4.3.2 横纹径向加载实验……96
4.3.3 横纹弦向加载实验……97
4.3.4 应变率效应……98
4.4 毛白杨动态力学性能实验……99
4.4.1 顺纹方向加载实验……99
4.4.2 横纹径向加载实验……101
4.4.3 横纹弦向加载实验……102
4.4.4 应变率效应……103
4.5 人工木材动态力学性能实验……104
4.5.1 中纤板动态压缩实验……104
4.5.2 刨花板动态压缩实验……105
4.6 本章小结……107
参考文献……107
第5章 正交各向异性圆柱体在轴压作用下的应力场……109
5.1 轴向载荷与环向应变关系……111
5.2 试件轴向作用下的响应和应力分布……112
5.2.1 尺寸变形和径向加速度……112
5.2.2 试件径向、环向应力分析……113
5.3 Hill-蔡强度理论分析……117
5.4 径向压缩失效简化理论分析……119
5.5 本章小结……122
参考文献……123

第 6 章　木材失效行为的多尺度数值分析……125
6.1　压缩载荷曲线与宏细观变形特征……126
6.2　单根纤维力学性能分析……128
6.2.1　单根纤维模型建立……128
6.2.2　单根纤维数值模拟……129
6.3　云杉胞元结构压缩数值模拟……131
6.3.1　代表体积元模型……131
6.3.2　准静态顺纹压缩数值模拟……132
6.3.3　准静态横纹压缩数值模拟……135
6.4　加载速度对云杉细观结构压缩行为影响分析……138
6.4.1　加载速度对顺纹压缩行为影响分析……138
6.4.2　加载速度对横纹压缩行为影响分析……140
6.5　本章小结……141
参考文献……142
第 7 章　含木材包装箱模型结构实验与数值分析……144
7.1　包装箱模型……145
7.2　加载设备与实验设计……147
7.3　模型结构实验……148
7.3.1　正撞击实验……148
7.3.2　30°斜撞击实验……151
7.4　数值模拟……153
7.4.1　有限元模型……153
7.4.2　材料参数选取……155
7.4.3　正撞击模拟……157
7.4.4　斜撞击模拟……158
7.5　本章小结……160
参考文献……161

第 8 章　含木材“三明治”结构抗枪击性能 …… 163
8.1　枪击实验设计 …… 163
8.1.1　含木材“三明治”结构概述 …… 163
8.1.2　参试子弹 …… 164
8.1.3　实验方案设计 …… 165
8.2　“三明治”结构抗枪击性能与破坏形貌 …… 166
8.2.1　抗 5.8mm 普通弹 …… 166
8.2.2　抗 7.62mm 普通弹 …… 170
8.2.3　抗 12.7mm 穿燃弹 …… 176
8.2.4　“三明治”结构抗三种子弹打击的破坏对比 …… 180
8.3　“三明治”结构抗枪击性能表征 …… 182
8.3.1　“三明治”结构组元抗枪击性能表征模型 …… 182
8.3.2　“三明治”结构抗枪击性能表征 …… 186
8.4　本章小结 …… 189
参考文献 …… 189
第 9 章　总结与展望 …… 191
9.1　总结 …… 191
9.2　展望 …… 192
索引 …… 195

第1章　绪　论

木材作为一种天然高分子材料，具有多孔性、各向异性和非线性特点，其输导水分、养分的管胞、导管等组织结构通过胞间层连接构成，并平行树干生长方向呈轴向排列，构成了木材沿顺纹方向多孔结构形式；同时木材细胞和射线组织垂直于树干呈径向排列，造成宏观力学性能关于木材轴线呈柱面对称，在空间范围内呈现各向异性行为。由于木材具有取材方便、易加工、高比吸能、耐冲击、阻燃隔热等优良特性，目前已被广泛地应用于工业产品和民用建筑领域，如家居门窗桌椅、木地板、钢琴键、包装容器、轮船、房屋建筑、桥梁等都是木材在日常生活中的应用实例。木材在军事领域的应用可追溯到古代战场上的木质弓弩，随着武器发展，大部分枪支器械将木材作为枪托用材。同时木材还被运用于核电站和高杀伤武器的放射性材料包装运输中，在木材包装容器中作为冲击限制元件使用，意外冲击和高温环境中，利用变形吸能和阻燃隔热性能，对被保护产品起到削弱冲击峰值载荷、降低包装箱内部环境温升作用[1-3]。

压缩载荷作用下木材通常经历弹性段、平台段和压实段三个过程，在小变形载荷作用下木材可视为线弹性材料，但随着载荷的增加，木材胞壁发生屈曲，其力学行为表现为非线性[4, 5]。木材细胞组织的基质性能和组织结构排列方式导致其具有宏观力学性能非线性特点，以及对应变率、温度和湿度等外界条件的强敏感性。目前针对木材宏细观力学性能和组织结构方面的研究主要根据其使用目的、服役环境条件提出，在工业产品和民用建筑领域，相关的研究工作主要集中在不同温湿度条件下木材准静态拉压模量、屈服强度、抗弯性能、耐久性等方面，通过实验研究获取材料的基本力学性能参数和环境适应能力；在放射性物质包装运输相关领域的研究则主要关注木材高应变率下的冲击力学性能、能量耗散特性和阻燃隔热能力，分析木材沿不同方向加载下的应变率敏感性和不可逆吸能率。

1.1 基本分类、胞元结构与材料方向

1.1.1 木材基本分类

树木是世界上最大的陆地植物种类，其种类繁多、品种庞大，我国常用的木材已有近 800 个商品材树种，不同地区树木形态特点也各不相同，通常可以按不同类型进行分类。从植物分类学专业知识来说，可以按照界、门、纲、目、科、属、种来进行划分。按照树木的生长类型分，可分为乔木类、灌木类、藤木类和匍匐类，乔木类树体高大（通常为 6m 至数十米），具有明显的高大主干；灌木类树体矮小（通常在 6m 以下），主干低矮；藤木类是能缠绕或攀附他物而向上生长的木本植物，如爬山虎；匍匐类树木的干、枝等均匍地生长，如铺地柏。按树叶形状可分为针叶树及阔叶树两种，针叶树生有球果及针状的叶子，阔叶树的叶子则宽阔而扁平。除此之外还可以按热量因子对树木进行分类，可分为热带树种、亚热带树种、温带树种和寒带、亚寒带树种。

在生产使用中通常按强度把木材分为软木和硬木两类，大部分针叶树木的材质一般较软，生产上通常称为软材，如云杉、冷杉等杉类木材；而阔叶树一般材质较硬重，又称硬材，如麻栎、青冈栎、木荷、枫香等。其中最具代表性的工作为 Toennisson[1]对 279 种木材力学性能进行收集整理，并依据密度、弯曲强度、硬度、冲击抗力等指标进行了评级分类。

1.1.2　木材胞元结构

木材是由许多细胞组成的，细胞之间通过胞间质黏结在一起，树木细胞的形成与增大是由形成层分裂形成新的细胞，这些细胞主要由细胞核、核仁、原生质和细胞壁等组成。随着细胞的增大，原生质不再填充胞腔，而在胞腔内出现胞液，到细胞成熟时，其体积比新生细胞增大数倍或数百倍，原生质被增多的细胞液挤向胞腔周围，同时细胞核移向细胞壁的一侧，形成非常厚的细胞壁，此时细胞腔几乎形成空腔，因此木材细观结构特征造成了木材宏观力学性能各向异性特点。不同类树材具有不同微观结构特点，针叶树材胞元在横切面上呈整齐径向排列，木射线多为单列，轴向薄壁组织量少；阔叶林主要细胞在横切面上排列不整齐，木射线多为两列以上，轴向薄壁组织丰富。因此对木材细观胞元结构排列分布进行观察，有助于认识不同种类树材力学强度差异，理解木材宏观力学性能沿顺纹、横纹径向和横纹弦向方向呈现不同力学行为的内因。

1. 胞元横截面结构

随着对木材力学行为的深入研究，很多研究工作将木材宏观力学行为、破坏特征与细观结构进行结合分析，通过其细观结构和变形模式来对木材力学性能特征进行解释。扫描电镜是木材细观结构观察中常用的观测设备，扫描电镜观察到的轻木横截面细观结构如图 1-1 所示，可以看出轻木横截面结构呈蜂窝状，单胞元呈似正六边形。云杉木材横截面细观结构如图 1-2 所示，其胞元细观结构似多边形网络结构。基于木材横截面细观结构观察可以发现，在观测面内木材胞元分布相对比较均匀，沿不同方向胞元结构分布差异不大，此排列布局可以解释木材沿横纹径向和横纹弦向拉伸、压缩行为比较相似；在横向载荷压缩作用下，木材胞元被不断持续挤压，形成木材横纹径(弦)向压缩应力-应变曲线中较为平稳的应力平台区域的力学现象。

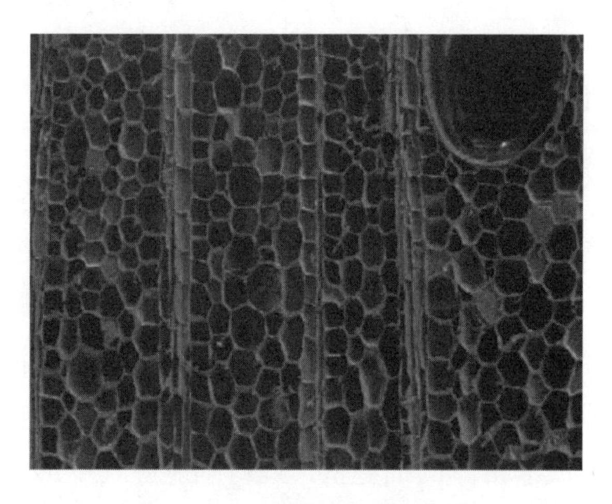

图 1-1 轻木横截面细观结构[6]

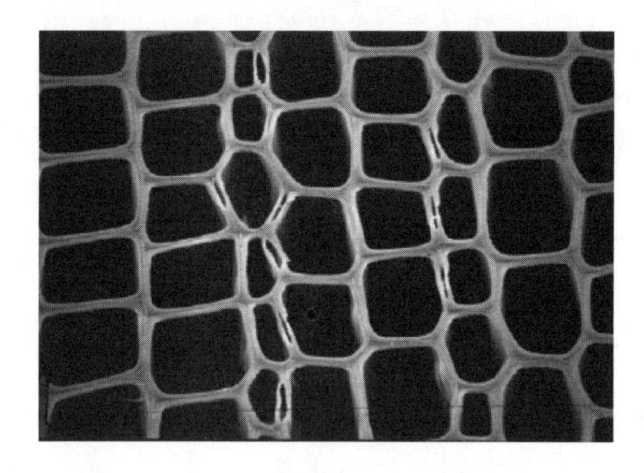

图 1-2 云杉木材横截面细观结构[7]

2. 胞元径(弦)截面结构

沿木材横纹径(弦)向将木材剖开，通过扫描电镜进行观察，可以看到不同种类木材在径(弦)向截面上细观结构均呈管状分布。采用扫描电镜观察获得的轻木径(弦)向截面细观结构如图 1-3 所示，胞元排列较为整齐，胞元管孔相对独立，与周围胞元不存在交错分布。作者课题组对云杉径截面进行了观察，结构如图 1-4 所示，可以看出云杉胞元分布与轻木相似，观测面表现为胞元管状并排，但针叶林类云杉木材胞壁上存在纹孔。从木材径(弦)向截面细观结构可以看出，在顺纹载荷作用下木材主要靠胞元管轴向承载，胞元在轴向作用下通常产生褶皱屈曲，导致应力-应变曲线由弹性线性上升突降至塑性宽平台；针叶林类木材管胞壁上存在较多纹孔，使其沿顺纹方向承载能力有所降低，其细观结构特征是造成针叶类树材强度相对偏低的原因之一，因此在树材分类中大部分针叶林树材被划归软木范畴。

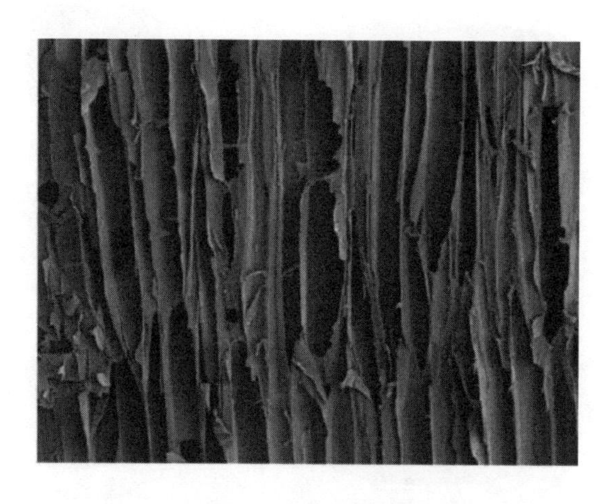

图 1-3　轻木径(弦)向截面细观结构[6]

图 1-4　云杉径(弦)截面典型结构[8]

1.1.3　主要材料方向

木材属于正交各向异性材料，并具有圆轴对称性，因此在离髓心一定部位锯取一个相切于年轮的立方体试样，该试样有三个对称轴。平行于木材生长方向为顺纹方向(axial along the grain)；垂直于顺纹平面内并与年轮正交的方向为横纹径向(radial across to the grain)；垂直于顺纹平面内并与年轮相切的方向为横纹弦向(tangential across to the grain)，如图 1-5 所示。

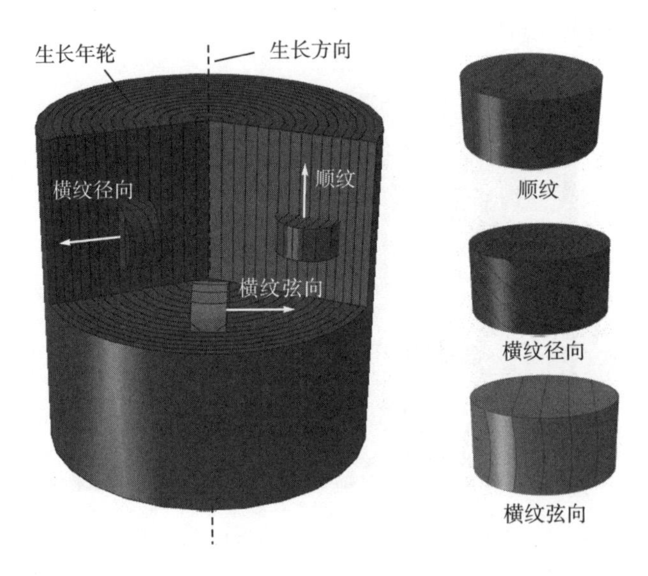

图 1-5 木材主要材料方向示意图

1.2 木材宏观力学性能实验研究

木材作为天然多胞各向异性复合材料，在小变形范围内采用正交各向异性弹性理论可描述其力学行为，但变形超过线弹性段后的行为尚未形成公认的本构理论体系，缺少合理的应力-应变和失效模型来描述冲击约束下木材的压缩行为，虽然关于木材初始压碎时期应力状态的理论、经验失效模型发展了很多年，但仍未提出相应的数学理论来描述木材线弹性段后期的应力-应变状态，对材料线性弹性段后的多轴应力相互作用机理则完全没有认识。在相关成熟理论尚未建立之前，对不同加载条件下的试件开展实验测试是充分认识力学性能的行之有效研究途径。近年来，研究者在传统材料实验测试方法的基础上，结合木材微观结构和材质特性，基于已有材料实验测试技术进行改进，对木材开展了大量静动态力学性能实验研究。

1.2.1 主要力学性能指标

材料力学中通常采用强度、硬度、刚度、韧性等指标来描述材料的基本力学性能，其中强度是指材料抵抗外部机械力破坏的能力；硬度是材料抵抗其他刚性物体压入的能力；刚度是抵抗外部机械力造成尺寸和形状变化的能力；韧性是材料吸收能量和抵抗反复冲击载荷，或抵抗超过比例极限短期应力的能力。在传统金属材料力学性能测试中，通常将应变率和温度作为影响材料力学性能改变的主要因素来考虑。而木材作为天然多孔各向异性材料，基本力学性能随着树种、树龄、生长地域气候环境、加载速度和方向的改变而发生变化。木材在建筑结构和包装结构中经常面临不同载荷环境条件，如木质屋架、家具通常经历静力载荷；铁轨枕木在火车通行过程中承受周期性振动冲击载荷；木质包装箱结构撞击过程中将承受冲击载荷。户外木质结构随着四季气候变化，所处环境温度和自身含水率发生改变，同时木材部件在结构中的连接方式(楔形体植入、铁钉)和布局(木材顺纹、横纹与载荷方向空间关系)造成木材在使用过程中承受不同类型载荷(拉伸、压缩、剪切、弯曲、扭转)。由于木材力学性能的各向异性和环境条件的强敏感性，因此为了系统认识不同条件下木材基本性能，除了应变率和温度，还需考虑含水率、施载方向、应力状态等因素对木材性能的影响。

在木材基础科学问题研究和包装结构缓冲设计过程中，主要侧重于对木材正交各向异性力学性能和能量吸收能力等方面问题进行研究，主要体现为研究木材细观胞元结构排列布局带来宏观力学性能各向异性和变形、失效模式差异，分析木材的能量耗散机制和吸能效率，主要涉及以下力学性能指标。

(1)抗拉强度：抗拉强度测试中，根据拉力与木材纹理的平行和垂直关系可分为顺纹拉伸和横纹拉伸。横纹拉伸可依据拉力与年轮的平行和垂直又可分为横纹弦向拉伸和横纹径向拉伸。木材纤维素分子基本是按细胞纵轴排列的，因此顺纹抗拉强度是各类强度中的最大者；由于其细胞排列和胞壁上微纤丝走向等原因，木材横纹抗拉强度较顺纹抗拉强度低。因此在木结构设计使用中尽可能地避免横纹拉力，这不仅是因为横纹抗拉强度低，而是使用中还要考虑木材的干缩可能引起径裂和轮裂，使木材完全丧失横纹抗拉能力的问题。

⑵抗压强度：抗压强度也可分为顺纹抗压、横纹径向抗压和横纹弦向抗压。顺纹抗压强度是木材作为结构和建筑材料的主要力学性质，它可在一定程度上说明木材总的力学性质的好坏。顺纹抗压强度主要取决于细胞壁的木质素化学成分。横纹径向和弦向抗压值的大小与木材构造有极其密切的关系。具有宽木射线和木射线含量较高的树种，横纹径向抗压强度高于弦向；阔叶树材，通常横纹径向和弦向抗压强度相近。

⑶抗剪强度：抗剪强度也通常按顺纹、横纹方向进行分类，由于木材顺纹剪切强度最小，故通常只测顺纹剪切强度。顺纹剪切又分径面破坏和弦面破坏两种。剪切面垂直于年轮的径面剪切，其破坏面较粗糙、不均匀且无明显木毛；剪切面平行于年轮的弦面剪切，破坏常出现于早材，在早、晚材交界处滑行，破坏面较光滑，有细纤毛。木材顺纹剪切强度较小，通常顺纹剪切强度平均只有顺纹抗压强度的10%～30%。纹理较斜的木材，如交错纹理、涡纹、乱纹等会导致其剪切强度明显增加。阔叶林材弦面抗剪强度较径面高出10%～30%；针叶林材径面和弦面的抗剪强度大致相同。

⑷抗弯强度：在静力弯曲时，木梁构件上层受压，下层受拉，中间受剪。在拉、压间有一层既不伸长，也不缩短的纤维层称为中性层。正应力在距中性层最远的边缘纤维达到最大值，剪应力最大值在中性层上。由于木材的顺拉强度远大于顺压强度，中性层偏向受拉区一侧。木材抗弯强度值介于顺拉强度和顺压强度之间，横纹径向和横纹弦向抗弯强度间的差异主要表现在针叶林材上，弦向比径向高，而阔叶林材两个方向的值差异一般不明显。

①冲击韧性：针对木材冲击韧性测试，我国现行国家标准只做弦向实验，采用中央施加冲击荷载，使试样产生弯曲破坏。实验不测定破坏试样所需要的力，而是用破坏试样所消耗的功来表示。冲击破坏消耗的功越大，木材韧性越大，即脆性越小。

②硬度：木材硬度实验是采用一定直径钢球缓慢压入木材内部，可分为端面硬度、径面硬度和弦面硬度，木材密度对硬度影响极大，密度越大，则硬度也越大。对于大多数木材，端面硬度高于径面硬度和弦面硬度，弦面硬度和径面硬度相近。针叶木材端面硬度高出侧面硬度约35%，阔叶木材端面硬度高出侧面硬度25%左右。

在工业和建筑生产使用过程中，主要关注木材以下性能指标。

(1)抗劈力：木材在尖削作用下，抵抗沿纹理方向劈开的能力，其与木材加工时劈开难易、握钉牢度和切削阻力等都有密切的关系。

(2)握钉力：木材抵抗钉子拔出的能力，其大小取决于木材与钉子间的摩擦力、木材含水率、密度、硬度、弹性、纹理方向、钉子种类及与木材接触状况等。

(3)弯曲能力：木材弯曲破坏前的最大弯曲能力，可以用曲率半径的大小来度量，其与树种、树龄、部位、含水率和温度等有关。

(4)耐磨性：木材抵抗磨损的能力，木材磨损是在表面受摩擦、挤压、冲击和剥蚀等作用时所产生的表面化过程。

上述木材宏观力学性能认识主要通过实验测试完成，在木材试样采集[9]、截取[10]、密度[11]、含水率[12]、准静态基本力学性能[13-16]测试方面，我国已形成相应的国家标准，同时在木构件工程应用方面编制了相应的使用规范和标准[17-19]。实验前期准备方面，这些标准针对木材试材采集地的设置、样木选择、样木采伐、试材截取、试材锯解及试样截取方法和实验室要求制定了相关规定。同时针对木材密度、含水率、抗拉(压、弯、剪、劈、冲击、阻燃)实验测试方法制定了相应的规范，详细描述了试件取向、结构尺寸、实验操作步骤和测试结果处理方法，这里不再赘述。在木材应用领域方面，前述标准[17-19]制定了包装木质构件的质量要求，结构型式、制作和检验方法，并规定了包装木箱的材质、规格尺寸、加工、检验、运输、储存以及回收木箱的分级、验收、修理等要求。

1.2.2 木材准静态力学性能实验

对于木材在低加载率（$<10^0$/s）下力学性能测试研究，可借助普通材料实验机完成，通过对不同方向取材的试件进行加载，测试木材沿不同方向拉伸、压缩和弯曲下的基本力学性能参量。木材沿不同方向力学测试方法与金属材料测试方法基本相似，并已形成相应的国家标准。由于木材为多胞材料，考虑到实验测试结果的有效性，木材不适宜做小结构尺寸实验，试件构件各部位端面应确保一定数量胞元结构。由于木材作为各向异性材料，主要体现在拉压性能不同和沿空间不同方向力学性能有所差异，因此关于木材准静态性能的实验工作主要集中于对不同方向材料弹性模量、破坏强度的测试，同时结合显微设备观察微观结构，寻求建立木材宏观力学各向异性与微观结构排列间的数学关系。

1. 弹性模量

弹性模量为材料的基本弹性常数，体现为材料承受载荷与变形之间的比例关系，实验所涉及的加载测试设备也比较普通，如材料载荷实验机、光学测距装置、位移引伸计都是弹性模量测试过程中的常用设备。随着实验技术的发展，新方法和新设备也被广泛地应用于材料性能测试实验中。公开文献资料表明很多研究者针对木材弹性模量测试开展了大量工作，如 Reiterer 和 Tschegg[20]研究了木材沿顺纹、径向单轴压缩性能，采用正交各向异性弹性和 Tsai-Hill 强度理论描述了不同方向的杨氏模量、泊松比、压缩强度，发现云杉变形和失效行为强烈依赖于加载方向，变形和失效机制随着加载方向变化，通过实验测试给出了从顺纹向横纹过渡中弹性模量的变化趋势，指出随着加载方向与顺纹夹角增大，弹性模量快速下降，当夹角超过 45° 后下降速度逐渐减缓。

基于木材胞元结构排列布局和复合材料基本理论，结合各向异性材料胡克定律和转轴公式可以建立木材任意方向弹性模量与顺纹、横纹方向弹性模量间的函数关系[20]。

$$\frac{1}{E_1(\alpha)}=\left(\frac{1}{E_\mathrm{L}}\right)c^4+Xc^2s^2+\left(\frac{1}{E_\mathrm{R}}\right)s^4 \tag{1-1}$$

$$X=\left(\frac{-2v_\mathrm{LR}}{E_\mathrm{L}}+\frac{1}{G_\mathrm{LR}}\right) \tag{1-2}$$

$$c=\cos\alpha,\quad s=\sin\alpha \tag{1-3}$$

式中，α 为加载方向与顺纹夹角，单位为°；E_L 为顺纹方向杨氏模量，单位为 GPa；E_R 为横纹径向杨氏模量，单位为 GPa；G_LR 为剪切模量，单位为 GPa；v_LR 为顺纹-横纹径向泊松比。

Sudijono 等[21]针对 15 种印度尼西亚树种在不同温度和含水率状态下开展了弹性模量、断裂模量测试，发现 20℃空气干燥状态下木材弹性模量和断裂模量比 20℃、80℃含水饱和状态下大；20℃含水饱和下木材弹性模量和断裂模量同样比 80℃含水饱和下木材的弹性、断裂模量大，相应关系如图 1-6 所示。

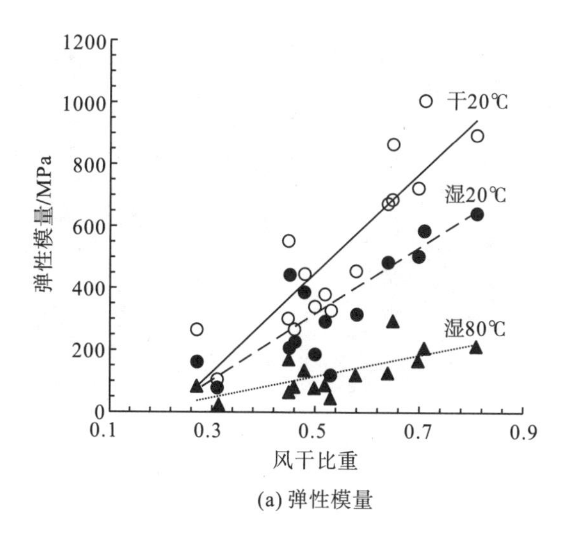

(a) 弹性模量

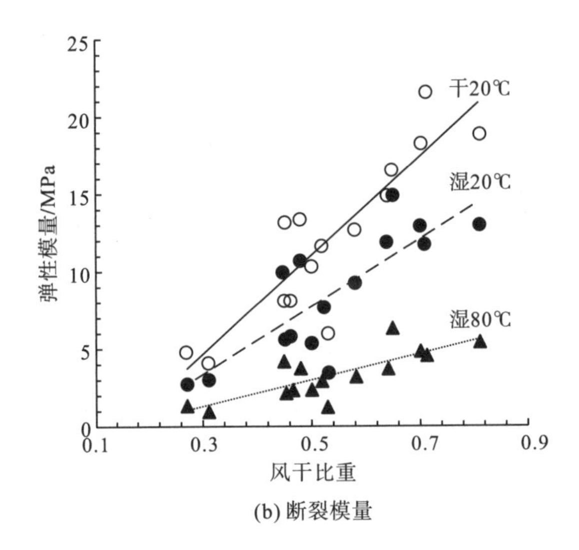

(b) 断裂模量

图 1-6 不同温度、含水率下，密度与弹性模量、断裂模量之间的关系[21]

通过木材弯曲实验获得的材料弹性模量被很多学者广泛采用，如 Steffen 等[22]采用原位弯曲技术测试了云杉胞壁材料的弹性模量，通过测试悬臂木材载荷作用下的弯曲变形来计算材料的弹性模量，相关实验测试设备及加载示意图如图 1-7 所示。Adamopoulos 和 Passialis[23]通过对云杉不同方向进行静态弯曲加载，研究了云杉韧性与弹性模量的关系，发现材料韧性与弹性模量有近似线性关系。

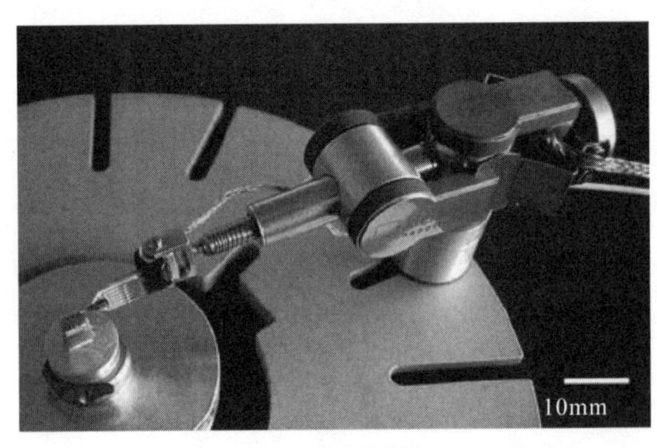

(a) 测试设备

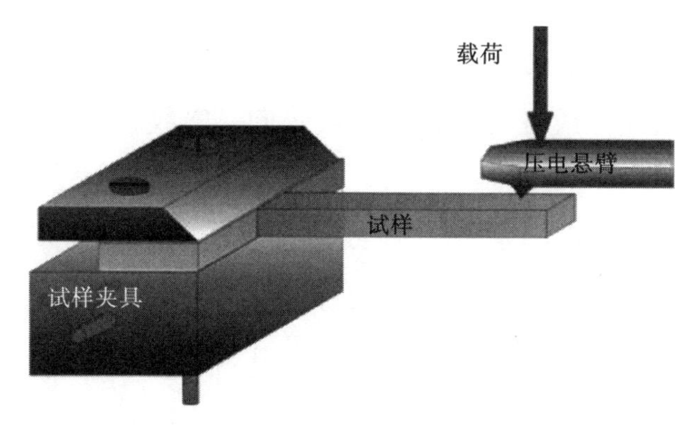

(b) 加载示意图

图 1-7　原位弯曲实验测试设备及加载示意图[22]

钟卫洲等[24]根据木材抗压弹性模量测定方法，针对结构尺寸为 20mm×20mm×60mm 云杉试件进行静态弹性压缩实验，测试了云杉沿顺纹、横纹径向和横纹弦向弹性模量。邹红玉和郑红平[25]采用霍尔位置传感器测量梁弯曲位移量的方法，测量了天然木材和人造木材的杨氏弹性模量。

同时纳米压痕技术也被用于木材弹性模量测试分析，Gindl[26]采用纳米压痕技术对云杉胞壁结构的力学性能进行研究，发现木材胞壁弹性模量受微纤维排列影响，在弹性范围内，微纤维发挥着主要承力作用，随着变形的增加，微纤维与基体间的界面发生断裂，使载荷在基体与纤维间的传递受到影响。田根林等[27]以马尾松为研究对象，运用原位成像纳米压痕技术测试两种不同微纤丝取向(微纤丝角)下马尾松细胞壁纵向弹性模量和硬度之间的差异，分析微纤丝角对其细胞壁力学性能的影响，研究表明弹性模量、硬度力学性能指标与微纤丝角之间存在负相关关系，微纤丝角从 13.5° 增加到 21.7°，马尾松管胞细胞壁纵向弹性模量降低 18.77%，硬度减少 18.37%。

2. 泊松比

泊松比为材料基本力学性能参量之一，反映材料一个方向加载变形对其他方向变形产生的影响。大部分金属材料泊松比约为 0.3，体积不可压缩材料泊松比为 0.5。而木材为多孔材料，微观结构布局导致了木材不同截面(顺纹横纹径向、顺纹横纹弦向、横纹径向、横纹弦向)泊松比有所差异。

根据复合材料理论，给出了顺纹横纹径向面内不同方向夹角下泊松比与木材顺纹、横纹径向等力学参量间的函数关系[20]：

$$v_{12}(\alpha)=E_1(\alpha)\left[\left(\frac{v_{\mathrm{LR}}}{E_{\mathrm{L}}}\right)\left(s^4+c^4\right)-\left(\frac{1}{E_{\mathrm{L}}}+\frac{1}{E_{\mathrm{R}}}-\frac{1}{G_{\mathrm{LR}}}\right)c^2s^2\right] \tag{1-4}$$

$$c=\cos\alpha,\quad s=\sin\alpha \tag{1-5}$$

式中，α 为加载方向与顺纹夹角，单位为°；$E_1(\alpha)$为α 方向杨氏模量，单位为 GPa；E_{L} 为顺纹方向杨氏模量，单位为 GPa；E_{R} 为横纹径向杨氏模量，单位为 GPa；G_{LR} 为顺纹横纹径向剪切模量，单位为 GPa；v_{LR} 为顺纹横纹径向泊松比。

3. 拉压力学强度

建筑和工业包装设计领域，木材拉伸、压缩强度及应力-应变历程是被重点考虑的性能参量。考虑到木材各向异性特性，测试不同方向材料性能需沿木材纹理方向进行取材设计，我国木材测试方法国家标准[13-16]分别针对木材顺纹、横纹抗拉和抗压强度测试方法进行了规范，制定了相应试件尺寸设计和实验数据处理方法。

木材抗拉强度分为顺纹抗拉与横纹抗拉两种，顺纹抗拉强度指木材抵抗沿纹理方向的拉伸荷载能力，横纹抗拉强度指木材在垂直于木材纹理方向所能承受的拉伸荷载能力。无疵木材的强度性质中，以顺纹抗拉强度最高，通常为顺纹抗压强度的 2～3 倍，为抗弯强度的 1.5 倍；因为木材纤维素链状分子，与细胞的轴向是一致的，当木材顺纹承受拉力荷载时，所有的链状分子都起作用。木材顺纹抗拉强度大小主要取决于组成针叶树材管胞胞壁或阔叶树材中纤维细胞胞壁中的纤维素含量。木材横纹抗拉强度很低，通常仅为顺纹抗拉强度的 1/40～1/10。木材弦向与径向的横纹抗拉强度也不完全相同，一般径向比弦向高，因为木材径向受拉时受木射线的加强作用，具有宽射线的木材其作用更为明显。如果木材因干缩而产生裂纹时，横纹抗拉强度会受到很大的削弱，甚至会完全丧失。因此在任何木结构的构件中，应尽量避免产生横纹抗拉应力。当木材纹理方向与其构件的主轴呈一定角度时，将导致顺纹抗拉趋向横纹抗拉，使木材主轴方向的抗拉强度明显地降低。研究者们[28-29]针对哑铃状木材试样开展了拉伸实验，表明木材拉伸强度与材料方向密切相关，垂直于木材纤维方向拉伸强度相对较低，即木材胞元间的黏结强度小于木材纤维顺纹拉伸强度。获得了木材拉伸断裂行为特征。

木材抗压强度分为顺纹抗压与横纹抗压两种，顺纹抗压强度指沿纹理方向的抗压荷载能力，横纹抗压强度指木材在垂直于木材纹理方向所能承受的压缩荷载能力。实际应用中木材承受压力载荷工况比较普遍，针对木材不同方向压缩强度方面，Reiterer 和 Tschegg[20]通过对云杉试件进行不同方向压缩实验，获得了顺纹横纹径向面内压溃强度与加载夹角的关系，将木材试件视为单层复合材料，利用 Hill-蔡强度理论对木材失效强度行为进行描述：

$$\frac{\sigma_1^2}{\sigma_L^2}+\frac{\sigma_2^2}{\sigma_R^2}-\frac{\sigma_1\sigma_2}{\sigma_L^2}+\frac{\tau_{12}^2}{\tau_{LR}^2}=1 \tag{1-6}$$

式中，σ_L 为顺纹方向破坏强度，单位为 MPa；σ_R 为横纹径向破坏强度，单位为 MPa；τ_{LR} 为顺纹横纹径向面内剪切强度，单位为 MPa。

对于加载方向与顺纹存在一定角度，通过应力转轴公式进行换算，代入式(1-6)可得

$$\sigma_c(\alpha)=\left[\frac{c^2\left(c^2-s^2\right)}{\sigma_L^2}+\frac{s^4}{\sigma_R^2}+\frac{c^2s^2}{\tau^2}\right]^{-1/2} \tag{1-7}$$

式中，$c=\cos\alpha$；$s=\sin\alpha$。

钟卫洲等[24]针对云杉开展了顺纹、横纹径向和横纹弦向三个方向压缩实验，其静态压缩后的破坏模式图如图 1-8 所示。实验结果表明云杉沿顺纹加载情况下失效主要由其木纤维胞元结构的压缩屈曲引起，因此随着众多纤维微胞元屈曲失效，材料性能曲线宏观上表现为平台应力的

逐渐减小，当纤维胞元屈曲产生完全褶皱时试件材料便进入压实阶段；而在横纹方向(径向、弦向)压缩作用下试件失效主要由木纤维胞元的胞壁侧向压缩塌陷引起，随着纤维微胞元逐渐压缩塌陷，平台应力初期比较稳定，随着塌陷程度的增加略有上升。

(a) 顺纹

(b) 横纹径向

(c) 横纹弦向

图 1-8 不同方向静态压缩后的破坏模式图[24]

1.2.3 动态力学性能测试研究

材料动态力学响应是应变率敏感材料需要研究的问题，应变率敏感材料随着变形速率的变化呈现出不同屈服强度、破坏应变等力学特征，此时采用准静态性能数据已不能有效地描述材料在动态力学环境中的行为。随着实验测试技术的发展，落锤、霍普金森(Hopkinson)杆、泰勒(Taylor)杆、平板撞击等实验设备的结合能覆盖应变率在 10^0/s～10^8/s 内材料力学性能测试。材料本构模型建立通常以静动态力学性能实验测试曲线为基础，结合材料性能关键特征，提出合理的本构关系数学表达式。

一般通过静动态实验获得材料在多种应变率条件下的应力-应变曲线，结合现有的本构模型给出材料的参数，重点放在模型的参数确定方法和实验验证上。对于现有模型难以描述的材料性能，将结合实验结果所反映的材料特性，通过对现有模型的修正实现对材料的描述。材料准静态力学行为测试技术比较完善，针对木材弹性模量、静态强度实验测试方法在 20 世纪 90 年代陆续形成相应的国家标准，而动态力学行为涉及材料惯性效应和应变率效应，实验技术和数据处理方法相对复杂，但其测试方法已得到广大研究者的共识。金属材料在应变率为 10^2/s～10^3/s 内的力学性能通过钢质 Hopkinson 杆装置可以实现，对于低阻抗非金属材料动态力学性能实验测试，一般通过调整 Hopkinson 杆材和测试技术实现对材料性能的有效测试。

木材作为各向异性非金属材料，波阻抗较低(密度与波速乘积)，特别体现在横纹径向和弦向方向上，传统的钢质 Hopkinson 杆不适合对木材性能进行高精度测试，一般采用低阻抗金属(镁、铝合金)Hopkinson 杆实现对木材动态性能实验测试。除了杆材选取，采用 Hopkinson 杆装置测试木材动态力学性能通常还需要采取以下几点措施：

(1) 为了反映材料的真实性质，测试试件的尺寸比胞孔尺寸大一个量级以上。

(2) 采用长子弹、短试件，保证足够长的加载时间，使测得试件的最大应变足够大，冲击波在试样中充分反射，以满足试样中的力平衡或变形均匀性的假定。

(3) 由于输出杆上应变信号低，应采用高灵敏度应变片，如半导体应变片，以此降低噪声对信号的干扰。

鉴于动态拉伸实验中需考虑加载装置与试样的抱紧夹持问题，目前公开文献针对木材动态力学性能研究主要侧重于动态压缩实验。近年来国内外学者在此方面开展了大量的研究工作，Vural 等[30]采用改进的铝合金 Hopkinson 杆系统对密度 55～380kg/m^3 的轻木进行实验，考虑到木材波阻抗低，透射杆中应力信号较低，采取在透射杆中预埋石英晶体来测试杆中应力，以此提高测试精度。Widehammar[31]分别利用钢质和镁质矩形截面 Hopkinson 杆装置测试了多种实验条件(含水率、加载方向、应变率)下云杉沿顺纹和横纹方向的力学性能，对于木材横纹径向和弦向方向实验，由于其阻抗比较低，采用镁合金 Hopkinson 杆；木材轴向方向实验，则采用合金钢杆装置。

大量文献研究工作表明，目前针对木材动态性能研究主要集中在动态压缩力学性能，分析木材的能量吸收率上，而对于木材拉伸、弯曲等方面的工作开展较少，由于木材弯曲和拉伸也是在使用中常经历的载荷，开展木材动态拉伸和弯曲实验对木材动态力学环境中的使用安全评估同样具有重要意义。

1.3 木材力学性能影响因素

大量研究表明，材料力学性能与所处的载荷环境密切相关。对于大部分金属材料，温度和应变率的变化通常会导致力学性能的显著改变，材料的基本力学性能体现为温度、应变率敏感材料，目前，针对不同环境下金属材料的力学性能，研究学者们已开展了大量实验与理论分析工作，相应的研究理论和实验分析方法比较成熟。而非金属材料通常具有吸水、温度软化特性，其力学性能受外部环境的影响很大，通常体现为温度、湿度和应变率敏感特性。针对大量人工和天然非金属材料，研究者们也开展了实验工作，其力学性能测试方法通常基于金属材料测试方法进行适应性改进，相关基础理论与分析方法也较为成熟，研究表明非金属材料的质地与细观结构导致其力学性能受载荷环境条件影响更为显著。

木材作为天然生长高分子材料，其力学性能除具有各向异性特点外，随树种、树龄、取材位置、含水率、温度和加载率的不同而有所差异。通常阔叶林材比针叶林材强度高，高龄材优于低龄材，心材性能好于边材。对于特定的木材制品，含水率、温度、应变率等力学环境条件对木材性能影响较大。

1.3.1　含水率效应

树木中水分使细胞壁处于膨胀状态以支持其自身质量，避免受自然界风力变化而造成破坏，通常木材中的水分按其存在状态可分为自由水、吸着水和化合水三类。自由水是指游离态存在于木材细胞的胞腔、细胞间隙和纹孔腔大毛细管中的水分，包括液态水和细胞腔内水蒸气两部分，自由水的多少主要由木材孔隙体积决定，对木材密度、燃烧性、渗透性和耐久性有影响，而对木材体积稳定性、力学和电学性能影响较小。吸着水指吸附状态存在于细胞壁微毛细管的水，吸着水对木材物理力学性能和加工使用有重要影响，在木材生产和使用过程中应充分地关注吸着水的变化与控制。化合水则指与木材细胞壁物质组成呈牢固化学结合状态的水，这部分水含量极少，且相对稳定，一般热处理难以将木材中化合水除去，在木材日常使用过程中化合水对其物理性质没有影响。因此水分对木材本身性质、储运保存、使用性能及以木质为基材的人造板性能和加工工艺等均有很大的影响，因此认识木材中水分对木材的加工和使用具有重要意义。

影响木材力学性能的吸着水存在于细胞壁中的微纤丝之间，起着润滑作用，允许微纤丝之间有一定的滑移或相对位移。若水分散失，微纤丝之间紧密靠拢，吸引力增大，对滑动位移有很强的摩擦阻力。因此含水率低于纤维饱和点时，木材强度随吸着水的增加而降低；含水率在纤维饱和点时，强度达最低值；含水率高于纤维饱和点时，自由水含量增加，其强度值不再减少，基本保持恒定。为了便于认识和分析含水率对木材性能的影响，通常采用含水率调整系数，下面给出了含水率为 12%时的强度与含水率为 W%时的强度之间的关系：

$$\sigma_{12} = \sigma_W[1+\alpha(W-12)] \tag{1-8}$$

式中，σ_{12} 为含水率为 12%时的强度，单位为 MPa；σ_W 为含水率为 W%时的强度，单位为 MPa；α 为含水率调整系数。

针对含水率对木材性能的影响，研究者也开展了一些实验研究工作，Widehammar[31]对木材烤干、纤维饱和、全饱和三种不同含水率条件下的正方体云杉试件进行Hopkinson杆加载实验，获得了不同含水率、应变率下材料的破坏情况：中低应变率下，全干木材在沿径向方向压缩没有破坏产生，弦向加载有微小裂纹产生，轴向加载试件分裂为多块；高应变率下，全干木材沿径向方向压加载，试件两端在加载方向产生局部脱落；全干状态具有更高压缩强度，发现全饱和状态比纤维饱和状态对应变率效应更敏感。Arnold[32]研究了热改良后山毛榉和云杉两种木材弯曲性能与含水率的关系，发现弯曲性能随着含水率的增加而降低，经热改良后的木材弯曲性能对含水率的敏感性有所减小。在相同的湿度环境中，热改良后的木材具有更好的刚度和强度，但热改良后木材断裂行为产生变化，在湿度环境中变得更脆。

相关研究表明，在纤维达到饱和状态前，含水率改变对物理力学性能有较大影响，木材强度随含水率的增加而降低，木材在全干状态强度最高。但需认识到木材性能(含水率敏感性)通常仅针对短时木材含水变化造成力学性能变化情况进行分析，当木材长期处于高湿环境中通常会产生腐蚀霉变，在此类条件下讨论木材性能(含水率敏感性)则不具备工程应用意义。

1.3.2 温度效应

温度对木材强度的影响比较复杂，木材性能(温度敏感性)与环境温度的高低、受热时间的长短、木材密度、含水率、树种等诸多因素相关。温度对木材性能的影响可以分为正温度和负温度两类，通常正温度的变化会导致木材含水率及其分布产生变化，由此造成内应力和干燥等缺陷。正温度对木材强度影响的因素有两方面：一方面是因热促使细胞壁物质分子运动加剧，内摩擦减少，微纤丝间松动增加，木材强度下降；另一方面是当温度超过180℃(木材物质分解温度)，或木材处在83℃左右长期受热的条件下，木材中的抽提物、果胶、半纤维素等会部分或全部消失，导致其强度会产生损失，特别是冲击韧性和拉伸强度会有较大的削弱。前者是暂时影响，是可逆过程；后者是永久影响，为不可逆过程。长时间高温的作用对木材强度的影响是可以累加的，总体上大多数木材力学强度随温度升高而降低。负温度会造成木材水分结冰，从而改变木材力学性能，冰冻的湿木材，除冲击韧性有所降低外，其他各种强度均较正温度有所提高，特别是抗剪强度和抗劈力的增加。对于全干木材，冰冻环境会导致纤维硬化及组织物质的冻结，从而使木材强度增加；而对于湿材，水分在木材组织内变成固态的冰，造成木材强度的增大作用。

研究者针对温度对木材性能的影响开展了实验工作，Yildiz 等[33]通过实验发现，经历不同温度和时间烘烤后云杉纤维性能发生退化，其压缩强度随温度和烘烤时间的增加而降低，指出温度对力学性质的影响程度由大到小的顺序为：压缩强度、弯曲强度、弹性模量、拉伸强度。此外加热方式对强度的影响程度也有差别，其大小顺序依次为：蒸汽、水、热压机、干热空气。

1.3.3　应变率效应

材料应变率敏感性是冲击动力学研究必须考虑的问题，与很多金属材料相似，木材力学性能随加载率的变化表现出不同力学性能。在木材结构动态压缩过程中引起的局部变形比准静态更显著，动态压损局限于一个薄的变形带中，造成此处的应变速率比较大，这个局部区域耗散了一定的能量后，其余的区域可能只经受弹性变形。通常木材在冲击加载过程中表现出更高的强度，在含木材结构冲击动力学问题分析中，研究木材性能随应变率的影响规律是很有意义的，因此木材动态力学性能实验研究也日益受到研究者的关注。

对于木材力学性能应变率敏感性，研究者通常通过 Hopkinson 杆实验来研究，如 Reid 和 Peng[6]对轻木、红木、松木、橡木和 Ekki 90° 五种不同类圆柱木材试件开展了一系列单轴动态压缩实验，发现在动态冲击下木材初始压溃强度均有明显提高，动态压缩下木材变形机制呈现局域化特点，压实应变随树种的不同而有所差异。窦金龙等[34, 35]采用铝质 Hopkinson 杆实验研究了干、湿桉木在较高应变率下的应力-应变曲线、力学性能和破坏机制，并同准静态压缩实验的结果进行了比较，发现冲击压缩载荷作用下，干、湿桉木的破坏形式明显不同：干桉木纤维发生屈曲、坍塌，表现出应变率效应；湿桉木纤维束在水的作用下，沿轴向相互分离、溃散，较干桉木表现出更明显的应变率效应，应力应变曲线的平台段出现尖峰。作者针对云杉顺纹、横纹径向和横纹弦向三种加载方向下开展实验研究，获得了云杉屈服强度比随应变率的变化曲线，表明顺纹、横纹径向和横纹弦向屈服强度具有应变率敏感性，其动态屈服强度均远大于准静态屈服强度。

1.4 木材改性技术

木材作为一种天然高分子材料，具有许多无机材料和合成高分子材料不具有的优良性能，在工业建筑和产品包装等领域得到了广泛应用，但由于其存在体积干缩湿胀，易引起结构尺寸不稳定的缺点，因此在工程应用中降低木材干缩湿胀性，防止木材开裂与变形非常重要。目前针对木材尺寸稳定性提高的处理方法主要有机械制约、表面处理(涂刷)、浸渍、热处理和化学交联等，这些处理方法使其在长期使用环境下结构形状和力学性能稳定。

机械约束和表面涂刷处理是日常生活中比较常见的改善木材结构稳定性、提升耐久性的处理方法。机械约束对载荷作用下木材结构变形进行位移限制，改变材料的力学状态从而改变其力学性能；表面涂刷指在材料结构表面涂抹一层防腐材料，提升木材在温、湿、酸和碱等环境下的抗腐能力，从而保持木材力学性能的持久性。

浸渍是较早采用的改善尺寸稳定性的处理方法，将木材用水溶性或醇溶性酚醛树脂浸渍后，经低温干燥，再加热与树脂聚合而成。浸渍过程中木材部分细胞的胞壁被树脂充胀，胞腔等空隙被填充，材料中的空隙率减少，尺寸稳定性提高。浸渍后的木材耐腐性、耐酸性、强度、硬度和耐磨耗性等都有显著提高，但韧性则因木材经受高温和存有树脂而明显降低，耐碱性也无提高。浸渍木通常用于模具制造，一般可作为电绝缘材料、民用餐具的刀柄等。

木材热处理是指在保护气体环境或液体介质中，不添加任何外来物质情况下对木材进行高温处理的一种改性技术，热处理可以改善木材的尺寸稳定性、耐久性和颜色。按照所使用的加热介质不同，木材热处理工艺可分为气相介质加热法、水热法和油热法。木材热处理始于 20 世纪 30 年代的美国，发展于 20 世纪 90 年代，近年来，芬兰、法国和荷兰等国开展了木材高温热处理技术的系统研究，形成了比较成熟的处理工艺。热处理技术的基本思路是在高温、缺氧，水蒸气(或惰性气体、热油等)保护的特定条件下，对木材进行加热，使木材内部的半纤维素成分部分分解，淀粉、糖类等营养物质反应、挥发，木材内部形成新的化学键结合，从而达到提高木材尺寸稳定性、耐久性的目的。热处理木材通常称为炭化木或物理木，被用于家具、镶木地板、门窗、预制墙体、桑拿房、厨房等诸多领域。

参考文献

[1] Toennisson R L. A collection of wood properties. Version 1. 1[R]. Technical Report, 1992.

[2] Neumann M, Herter J, Droste B, et al. Characterizing large strain crush response of red wood[R]. SAND96-2966, 1996.

[3] Neumann M, Herter J, Droste B, et al. Compressive behaviour of axially loaded spruce wood under large deformations at different strain rates[J]. European Journal of Wood and Wood Products, 2011, 69(3)：345-357.

[4] Tabier A, Wu J V. Three-dimensional nonlinear orthotropic finite element material model for wood[J]. Composite Structures, 2000, 50(2)：143-149.

[5] 徐有明. 木材学[M]. 北京：中国林业出版社, 2006.

[6] Reid S R, Peng C. Dynamic uniaxial crushing of wood[J]. International Journal of Impact Engineering, 1997,

19(5/6)：531-570.

[7] Trtik P, Dual J, Keunecke D, et al. 3D imaging of microstructure of spruce wood[J]. Journal of Structural Biology, 2007, 159(1)：46-55.

[8] Zhong W Z, Huang X C, Hao Z M, et al. Investigation on failure mode of spruce under different loading conditions[J]. Applied Mechanics and Materials, 2011, (80-81)：556-560.

[9] 全国木材标准化委员会. 木材物理力学试材采集方法：GB/T 1927—2009[S]. 北京：中国标准出版社, 2009.

[10] 全国木材标准化委员会. 木材物理力学试材锯解及试样截取方法：GB/T 1929—2009[S]. 北京：中国标准出版社, 2009.

[11] 全国木材标准化委员会. 木材密度测定方法：GB/T 1933—2009[S]. 北京：中国标准出版社, 2009.

[12] 全国木材标准化委员会. 木材含水率测定方法：GB/T 1931—2009[S]. 北京：中国标准出版社, 2009.

[13] 全国木材标准化委员会. 木材顺纹抗拉强度试验方法：GB/T 1938—2009[S]. 北京：中国标准出版社, 2009.

[14] 全国木材标准化委员会. 木材横纹抗拉强度试验方法：GB/T 14017—2009[S]. 北京：中国标准出版社, 2009.

[15] 全国木材标准化委员会. 木材顺纹抗压强度试验方法：GB/T 1935—2009[S]. 北京：中国标准出版社, 2009.

[16] 全国木材标准化委员会. 木材横纹抗压试验方法：GB/T 1939—2009[S]. 北京：中国标准出版社, 2009.

[17] 炸药包装用木箱技术条件：GJB 636—1988[S]. 1988.

[18] 军用木箱通用规范：GJB 1764—1993[S]. 1993.

[19] 军用包装用木构件质量要求：GJB 2818—1997[S]. 1997.

[20] Reiterer A, Tschegg S S. Compressive behaviour of softwood under uniaxial loading at different orientations to the grain[J]. Mechanics of Materials, 2001, 33(12)：705-715.

[21] Sudijono, Dwianto W, Yusuf S, et al. Characterization of major, unused, and unvalued Indonesian wood species I. Dependencies of mechanical properties in transverse direction on the changes of moisture content and/or temperature[J]. Journal of Wood Science, 2004, 50(4)：371-374.

[22] Steffen O, Wegst U G K, Arzt E. The elastic modulus of spruce wood cell wall material measured by an in situ bending technique[J]. Journal of Materials Science, 2006, 41(16)：5122-5126.

[23] Adamopoulos S, Passialis C. Relationship of toughness and modulus of elasticity in static bending of small clear spruce wood specimens[J]. Current Journal of Applied Science and Technoligy, 2010, 68(1)：109-111.

[24] 钟卫洲, 宋顺成, 黄西成, 等. 三种方向加载下云杉静动态力学性能研究[J]. 力学学报, 2011, 43(6)：1141-1150.

[25] 邹红玉, 郑红平. 木材弹性模量的测量与材料力学性能[J]. 实验室研究与探索, 2009, 28(7)：33-35, 164.

[26] Gindl W. The effect of lignin on the moisture-dependent behavior of spruce wood in axial compression[J]. Journal of Materials Science Letters, 2001, 20(23)：2161-2162.

[27] 田根林, 王汉坤, 余雁, 等. 微纤丝取向对木材细胞壁力学性能的影响研究[J]. 木材加工, 2010, 7(2)：63-66.

[28] Murata K, Nagai H, Nakano T. Estimation of width of fracture process zone in spruce wood by radial tensile test[J]. Mechanics of Materials, 2011, 43(7)：389-396.

[29] Miyauchi K, Murata K. Strain-softening behavior of wood under tension perpendicular to the grain[J]. Journal of Wood Science, 2007, 53 (6)：463-469.

[30] Vural M, Ravichandran G. Dynamic response and energy dissipation characteristics of balsa wood：Experiment and analysis[J]. International Journal of Solids and Structures, 2003, 40(9)：2147-2170.

[31] Widehammar S. Stress-strain relationships for spruce wood：Influence of strain rate, moisture content and loading direction[J]. Experimental Mechanics, 2004, 44(1)：44-48.

[32] Arnold M. Effect of moisture on the bending properties of thermally modified beech and spruce[J]. Journal of Materials Science, 2010(45)：669-680.

[33] Yildiz S, Gezer E D, Yildiz U C. Mechanical and chemical behavior of spruce wood modified by heat[J]. Building and Environment, 2006, 41(12)：1762-1766.

[34] 窦金龙, 汪旭光, 刘云川, 等. 干、湿木材的动态力学性能及破坏机制研究[J]. 固体力学学报, 2008, 29(4)：348-353.

[35] 窦金龙, 汪旭光, 刘云川. 杨木的动态力学性能[J]. 爆炸与冲击, 2008, 28(4)：367-371.

第 2 章　木质材料准静态压缩各向异性力学行为

木材作为一种天然的多胞正交各向异性复合材料，其细胞和组织平行树干生长方向呈轴向排列，射线组织垂直于树干呈径向排列，沿顺纹、横纹径向和横纹弦向具有不同的力学特性。通常情况下木材在小变形载荷作用下可视为线弹性材料，随着载荷的增加，木材胞壁结构发生屈曲、致密，其力学行为表现为非线性，并受应变率和含水率影响较大。由于木材取材方便，且具有多孔渗水、吸能等特性，被广泛地运用于工业和民用建筑，如运输包装材料、房屋结构和桥梁等领域[1-3]。同时木材压缩平台应力较长，可达其变形 60%左右，常被作为缓冲材料应用于民用和军用产品包装中。

目前针对木材的基本宏观力学性能和微观结构，研究者开展了大量的工作，Sonderegger 和 Niemz[4]通过实验获得了云杉在准静态弯曲、冲击弯曲和拉伸作用下的破坏强度，并对木材早期无损探测方法进行了研究；Gindl[5]研究了云杉材料中木质素水分对其顺纹压缩性能的影响；Widehammar[6]利用截面为矩形的 Hopkinson 杆装置对不同含水率的正方体云杉试件进行冲击加载实验，获得了不同应变率下材料的破坏情况；Yildiz 和 Gezer[7]通过实验发现，经历不同温度和时间烘烤后云杉纤维性能发生退化，其压缩强度随温度和烘烤时间的增加而降低；Gindl 等[8]采用纳米压痕技术对云杉胞壁结构的力学性能进行研究，发现木材胞壁弹性模量受微纤维排列影响，在弹性范围内微纤维发挥着主要承力作用，随着变形的增加，微纤维与基体间的界面发生断裂，使载荷在基体与纤维间的传递受到影响。同时还有很多研究者[9-12]对木材的力学性能、失效机制、微观结构及含水率对材料性能的影响进行了大量研究。

相关文献表明，目前对于木材的研究主要集中于木纤维微结构和顺纹方向静动态力学性能方面，而对木材横纹径向和弦向力学性能方面的研究工作较少。木材作为正交各向异性材料，不同方向具有不同缓冲特性，为了较为全面地认识木材力学性能，需要对木材沿三个正交方向(顺纹、横纹径向和横纹弦向)开展力学性能研究工作，因此本章针对几种木材沿顺纹、横纹径向和横纹弦向开展了静态压缩实验研究，获得了材料顺纹、横纹径向和横纹弦向的基本力学参量，并对不同方向加载下材料的破坏形式和屈曲失效行为进行了分析。

2.1　云杉准静态力学行为

云杉为中国珍贵树种，产于华北山地、东北小兴安岭、陕西西南部、甘肃东部、白龙江流域、洮河流域、四川岷江流域上游及大小金川流域等海拔 2400～3600m、稍耐阴、耐干燥及寒冷的地带。云杉树干高大通直，高达 45m，胸径达 1m，主枝之叶辐射伸展，侧枝上面枝叶向上伸展，下面及两侧枝叶向上方弯伸，四棱状条形，如图 2-1 所示。云杉树皮呈褐黄色，球果呈圆柱状矩圆形或圆柱形，上端渐窄，成熟前呈绿色，熟时呈淡褐色或栗褐色，如图 2-2 所示。云杉具有材质略轻柔、纹理直、易加工、良好的共鸣性能，广泛地应用于建筑、航空和乐器等领域。

为认识云杉的基本力学性能，钟卫洲等开展了准静态压缩实验。实验测试云杉试件取自直径为 610mm 的树材，取材均在髓心以外进行，经实验测试计算获得的云杉木材试件的平均密度(烘干前)为 $0.413g/cm^3$，经温度为(103±2)℃的烘箱烘烤 18h 后得到的平均含水率为 12.72%，通过实验测试云杉沿三个材料轴方向的弹性模量和准静态压缩力学行为，研究云杉弹性模量和屈服强度的各向异性特征[13]。

图 2-1 云杉

图 2-2 云杉球果

2.1.1 云杉弹性模量

本节对尺寸为 20mm×20mm×60mm 的云杉试件进行静态弹性压缩实验，测试材料沿不同方向的弹性模量，试件长度方向分别沿顺纹、横纹径向和横纹弦向。试件取材方向示意图如图 2-3 所示。

图 2-4 为云杉试件抗压弹性模量实验测试曲线与拟合曲线，从三种加载方向下应力-应变线性拟合曲线可知，云杉顺纹方向抗压弹性模量约为 11331MPa；横纹径向抗压弹性模量约为 532MPa；横纹弦向抗压弹性模量约为 351MPa。云杉沿顺纹方向压缩弹性模量最大，其次为横纹径向弹性模量，横纹弦向弹性模量最小，顺纹压缩弹性模量约为横纹径向弹性模量的 21 倍和横纹弦向弹性模量的 32 倍。

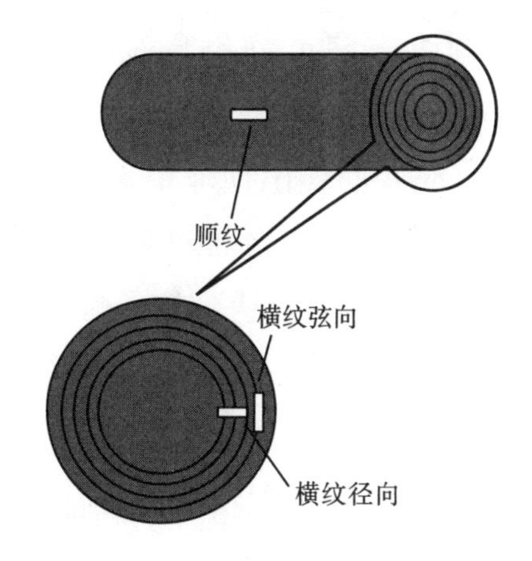

图 2-3　试件取材方向示意图

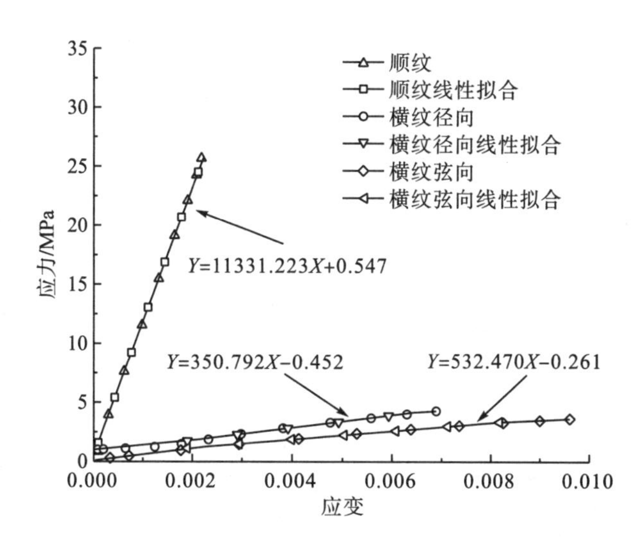

图 2-4　云杉试件抗压弹性模量实验测试曲线与拟合曲线

2.1.2 云杉准静态压缩实验

本节分别针对尺寸为 20mm×20mm×30mm 的云杉试件沿顺纹、横纹径向和横纹弦向开展准静态压缩实验，加载方向与试件长度方向一致。

1. 顺纹准静态压缩实验

沿三件云杉试件顺纹方向准静态压缩得到的应力-应变曲线如图 2-5 所示。图中 No.1～No.3 分别表示参试的三件试样。从图 2-5 可以看出，实验获得的应力-应变曲线出现非单调性，应力随应变增加呈现增加-减小-增加的趋势。在应变约为 0.08 时，试件进入塑性屈服状态，此时对应的应力约为 37.8MPa(应力达到第一峰值)。由于此时木材局部胞壁结构发生弯折屈曲和胞孔塌陷，试件继续发生压缩变形需要的载荷逐渐变小，即应力随应变增加逐渐减小。当试件应变为 0.6 时，木材胞壁完全弯曲折断，试件进入完全压实状态，随后应力随应变的增加而陡然上升。

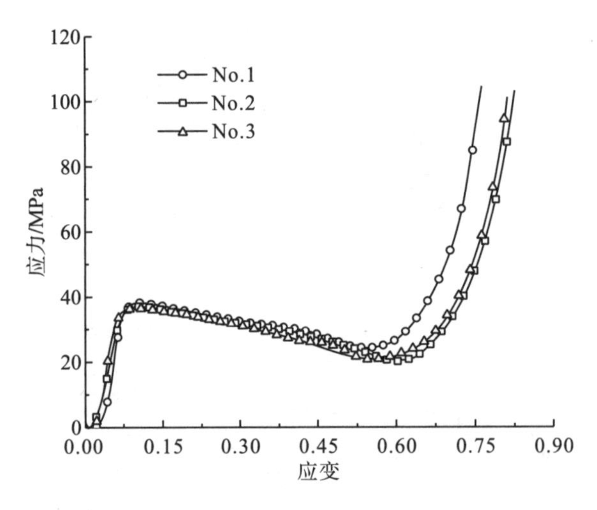

图 2-5 云杉试件顺纹方向准静态压缩应力-应变曲线图

经准静态压缩得到的试件破坏情况如图 2-6 所示，在顺纹压缩作用下云杉木材纤维中部发生屈曲折断，受加载头和底部支撑面的摩擦作用，只有沿纤维方向中部位置发生分层，端面未出现明显纤维分层现象。

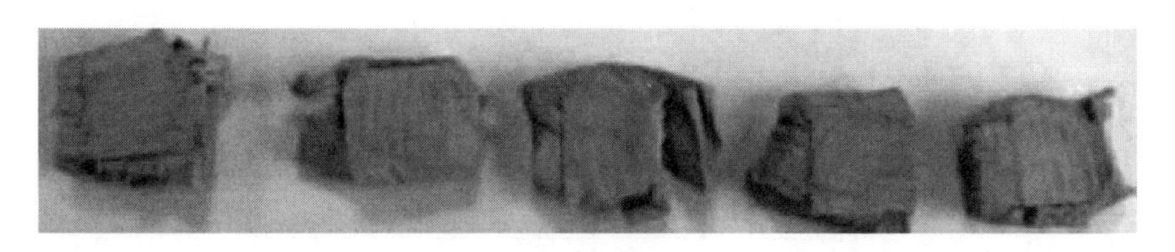

(a) 俯视

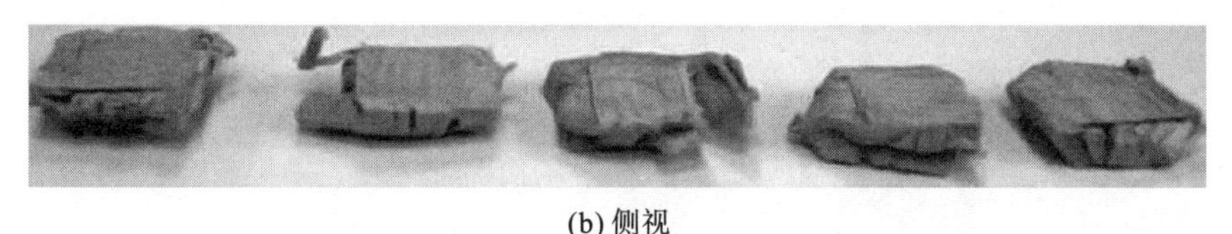

(b) 侧视

图 2-6　云杉试件顺纹压缩破坏图

2. 横纹径向准静态压缩实验

针对五件云杉试件横纹径向准静态压缩应力-应变曲线如图 2-7 所示，图中 No.1～No.5 表示参试的五件试件。不同于顺纹压缩实验曲线，在准静态横纹径向压缩过程中应力与应变呈单调递增。从图 2-7 中可知，在应变约为 0.047 时，试件进入塑性屈服状态，此时应力约为 4.42MPa。在进入塑性屈服状态后，随着应变的增加，应力进入一个缓慢增长阶段，此时木材纤维沿顺纹方向(平行于加载方向)逐渐分层。当应变达到约 0.6 时，应力进入到一个快速增长阶段，此时木材胞壁发生破坏，试件进入压实阶段。

木材试件经横纹径向准静态压缩后的破坏情况如图 2-8 所示，从图中可以看出，在横纹径向压缩作用下云杉试件沿顺纹方向出现褶皱，且每层褶皱与加载面平行。木材纤维间相互滑移，使载荷加载面面积增加明显，整个试件呈水平撕裂破坏。

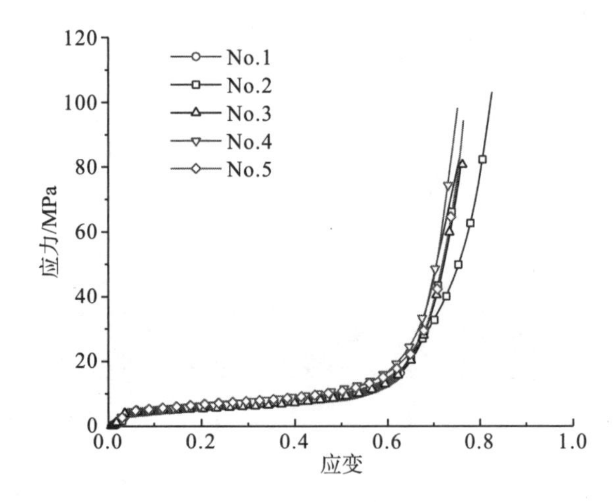

图 2-7 云杉试件横纹径向准静态压缩应力-应变曲线图

(a) 俯视

(b) 侧视

图 2-8 云杉试件横纹径向准静态压缩破坏图

3. 横纹弦向准静态压缩实验

云杉试件横纹弦向准静态压缩应力-应变曲线如图 2-9 所示，图中 No.1～No.4 分别表示参试的四件试件。与横纹径向压缩实验结果相似，在横纹弦向压缩过程中应力与应变呈单调递增。从图 2-9 可知，在应变约为 0.045 时，试件进入塑性屈服状态，此时应力为 4.40MPa。进入塑性屈服状态后，应力进入到一个“平台”阶段，当应变到达约 0.4 时，应力随应变开始缓慢增加，木材通过纤维间脱离产生滑移吸收能量；当应变达到约 0.6 时，应力进入快速增长阶段，试件进入压实阶段。

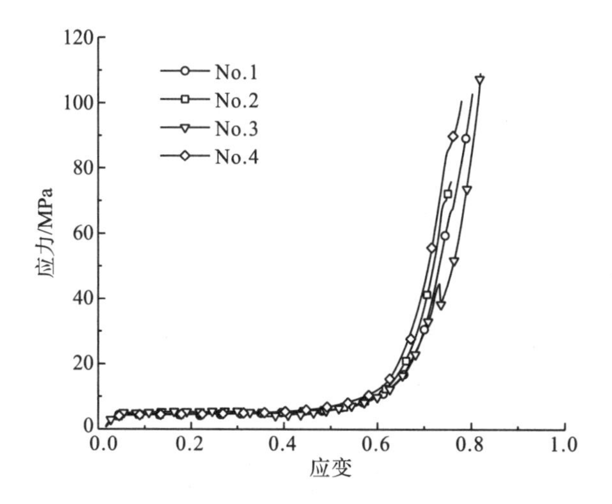

图 2-9 云杉试件横纹弦向准静态压缩应力-应变曲线图

云杉试件经横纹弦向压缩后的破坏情况如图 2-10 所示，与横纹径向压缩破坏情况相似，在横纹弦向作用下云杉试件沿顺纹方向产生滑移，出现褶皱现象。试件承压端面面积随纤维滑移而增加，最终试件呈水平撕裂破坏。

(a) 俯视

(b) 侧视

图 2-10 云杉试件横纹弦向压缩破坏图

4. 不同方向准静态压缩应力-应变关系比较

图 2-11 为云杉试件不同方向准静态压缩应力-应变曲线图，从图中

可以看出，云杉木材沿顺纹、横纹径向和横纹弦向具有不同弹性模量、屈服应力和平台应力等基本力学性能外，沿不同方向压缩应力-应变曲线形状也有差异，沿木材横纹径向和弦向加载得到的应力-应变曲线形状比较一致，而与顺纹加载获得的曲线形状有明显差异。

顺纹压缩曲线平台应力(图 2-11 方框标注)随着变形增加出现下降趋势，而横纹径向(弦向)加载得到的平台应力(图 2-11 椭圆框标注)随着变形增加而略微上升。这种曲线形状上的差异可以用木材不同方向压缩的失效机理来解释：木材顺纹加载情况下的失效主要是由其纤维胞元结构的压缩屈曲引起的，因此随着众多纤维微胞元屈曲失效，材料性能曲线宏观上表现为平台应力的逐渐减小，当纤维胞元屈曲产生完全褶皱时试件材料便进入压实阶段；而在横纹方向(径向、弦向)压缩作用下试件失效主要是由木纤维胞元的胞壁侧向压缩塌陷引起的，随着纤维微胞元逐渐压缩塌陷，在试件应力-应变曲线图中，平台应力初期比较稳定，随着塌陷程度的增加略有上升，当纤维胞元完全塌陷时，试件便进入压实阶段，应力随应变陡增。

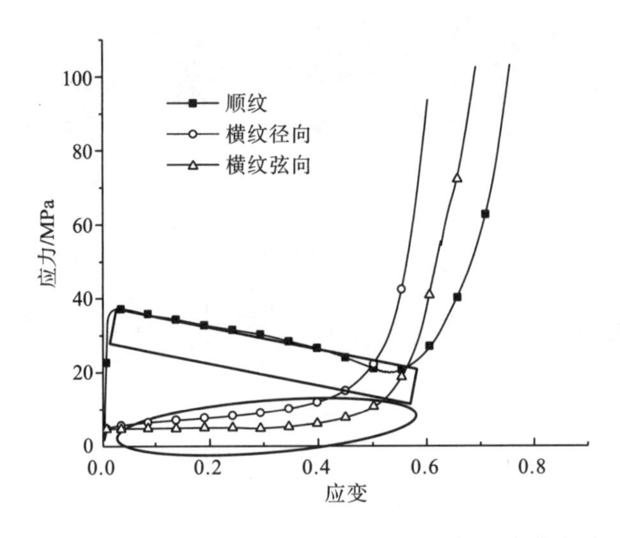

图 2-11　云杉试件不同方向准静态压缩应力-应变曲线图

2.1.3　云杉准静态压缩吸能行为

对于材料的吸能一般通过应力-应变关系计算得到，公式如下：

$$W = \int_0^{\varepsilon_m} \sigma \mathrm{d}\varepsilon \tag{2-1}$$

对于多孔泡沫材料的吸能评估，Miltz 和 Gruenbaum[14]根据缓冲材料准静态压缩应力-应变曲线提出了用吸能率(energy absorption efficiency) E 和理想吸能率(ideality energy absorption efficiency) I 来描述材料的吸能特性。其相应的数学表达式如式(2-2)和式(2-3)所示：

$$E = \frac{\int_0^{\varepsilon_m} \sigma \mathrm{d}\varepsilon}{\sigma_m} \tag{2-2}$$

$$I = \frac{\int_0^{\varepsilon_m} \sigma \mathrm{d}\varepsilon}{\sigma_m \varepsilon_m} \tag{2-3}$$

式中，σ_m 和 ε_m 分别表示某位置所对应的应力和应变。式(2-2)表明吸能效率为缓冲材料所吸收的能量与所对应应力的比值；式(2-3)表明理想吸能效率为缓冲材料所吸收的能量与理想吸能材料(屈服平台区为矩形，应力为恒值)吸能的比值。

由于木材为多胞材料，可采用式(2-1)～式(2-3)对云杉不同方向(顺纹、横纹径向和横纹弦向)准静态压缩吸能特性进行分析。前面实验研究获得云杉试件不同方向准静态压缩应力-应变曲线如图 2-11 所示，按式(2-1)计算得到的单位体积云杉试件不同方向准静态压缩吸能-应变曲线如图 2-12 所示，从图中可以看出，沿不同方向压缩得到的云杉木材单位体积吸能随应变的增加而增大，在相同变形(应变相等)情况下，沿顺纹方向压缩吸能最大。在变形较小(应变小于 0.05)情况下，横纹径向和弦向压缩吸能曲线基本重合，随着应变继续增加，横纹径向压缩吸能略大于横纹弦向压缩吸能。

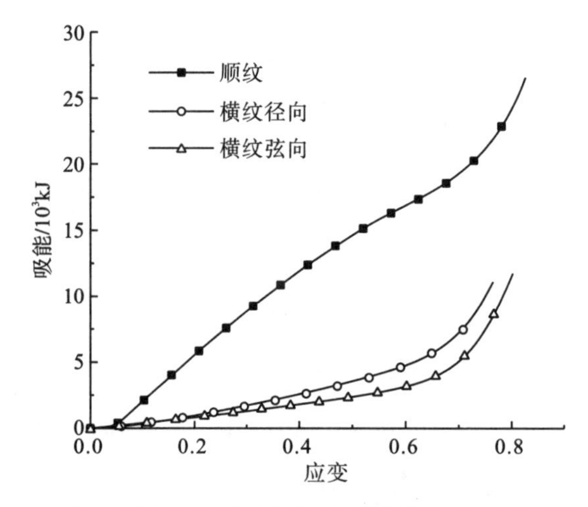

图 2-12 单位体积云杉试件不同方向准静态压缩吸能-应变曲线

根据式(2-2)计算得到的云杉试件不同方向准静态压缩吸能率-应变曲线如图 2-13 所示，从图 2-13 可以看出，在应变小于 0.2 时，不同方向压缩下的吸能率差异不大，吸能率曲线基本重合，随着应变继续增加，顺纹方向吸能率最大，横纹径向吸能率最小。

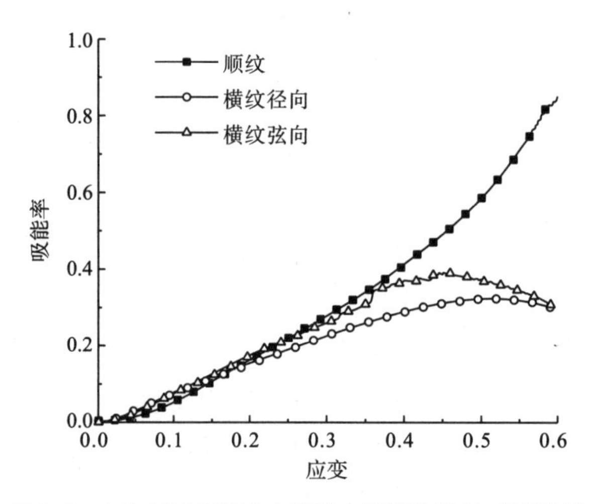

图 2-13 云杉试件不同方向准静态压缩吸能率-应变曲线

依据理想吸能率公式[式(2-3)]计算得到的云杉试件不同方向准静态压缩理想吸能率-应变曲线如图 2-14 所示，由于云杉顺纹压缩应力-应变关系非单调性，按式(2-3)计算得到的云杉顺纹压缩平台段理想吸能率超过 1.0，达到约 1.4。

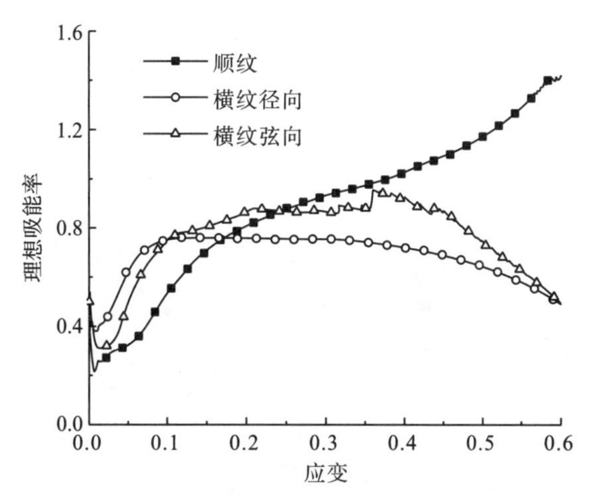

图 2-14　云杉试件不同方向准静态压缩理想吸能率-应变曲线

由图 2-14 可知，在应变小于 0.1 时，横纹径向理想吸能率最高，顺纹压缩理想吸能率最低；随着变形(应变大于 0.25)增加，顺纹压缩理想吸能率最高，横纹径向理想吸能率最低。

从上述分析可以看出，云杉在不同方向下的压缩屈服强度不同，其中顺纹方向压缩强度最大，横纹径向与横纹弦向压缩屈服强度相当；横纹径向与横纹弦向方向压缩吸能率、理想吸能率与应变、应力关系基本一致；由于顺纹压缩应力-应变关系非单调性，其压缩吸能率接近 1.0、理想吸能率达到约 1.4。因此将云杉作为包装缓冲材料时，需要针对被保护体所能承受的变形及应力范围，合理确定木材放置方向，充分利用木材塑性屈服变形耗散能量，以此达到有效保护产品的作用。

2.2　水杉准静态力学行为

水杉有“活化石”之称，对于古植物、古气候、古地理和地质学研究具有重要的意义，主要分布于我国湖北、重庆、湖南三省(直辖市)交界的利川、石柱、龙山三县的局部地区，垂直分布一般为海拔 750～

1500m。水杉适应性强，喜湿润，高达35m，胸径达2.5m，树干基部膨大、树皮呈灰色、灰褐色或暗灰色，如图2-15所示；幼树树冠呈尖塔形，老树树冠呈广圆形，枝叶稀疏；一年生枝光滑无毛，幼时呈绿色，后渐变成淡褐色，如图2-16所示。水杉边材呈白色，心材呈褐红色，材质轻软，纹理直，可供建筑、装饰、器具制造等领域使用。

图2-15 水杉

图2-16 水杉枝叶

通过开展水杉准静态压缩实验，测试其基本力学性能，水杉试件取自直径为400mm树材，试件的密度为0.344g/cm^3，经温度为(103±2)℃的烘箱烘烤10h后测试其含水率为15.5%。

2.2.1　水杉弹性模量

根据前述相关国家标准要求，针对 15 件尺寸为 20mm×20mm×60mm 的水杉试件开展弹性模量测量，其中长度方向分别为顺纹、横纹径向和横纹弦向各五件。图 2-17～图 2-19 分别为水杉试件顺纹、横纹径向和横纹弦向抗压弹性模量实验测试曲线与拟合曲线。由图 2-17 应力-应变曲线弹性段直线拟合可知，顺纹抗压弹性模量约为 5.79GPa；由图 2-18

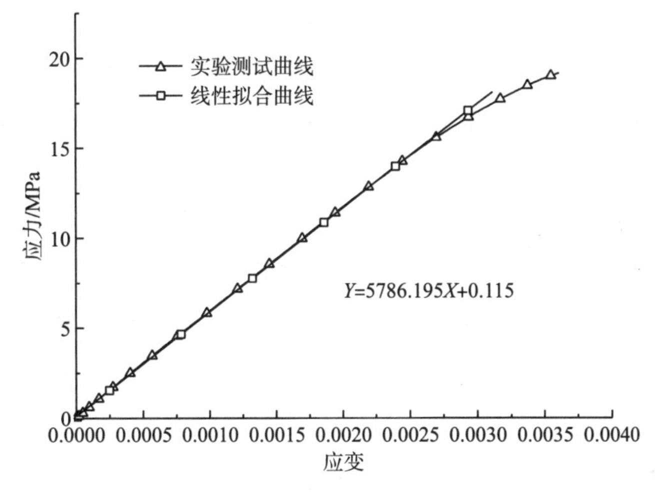

图 2-17　水杉试件顺纹抗压弹性模量实验测试曲线与拟合曲线

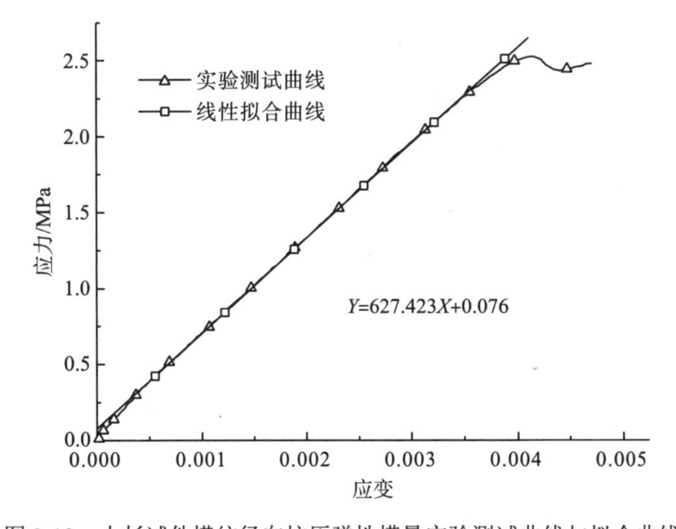

图 2-18　水杉试件横纹径向抗压弹性模量实验测试曲线与拟合曲线

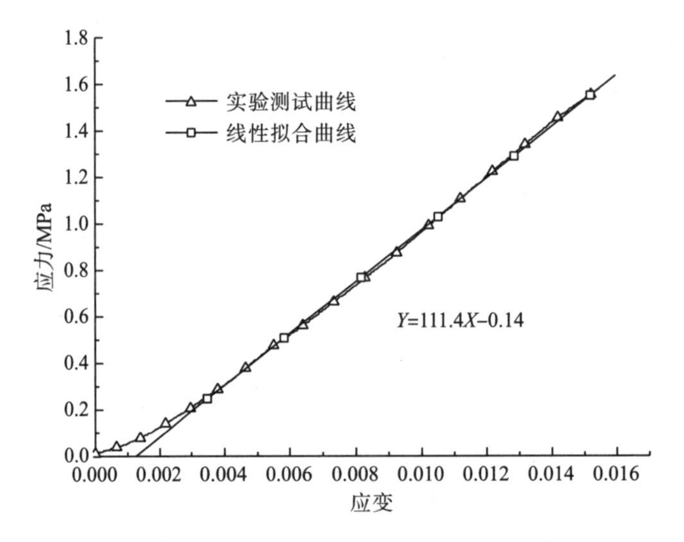

图 2-19 水杉试件横纹弦向抗压弹性模量实验测试曲线与拟合曲线

可知横纹径向抗压弹性模量约为 627MPa；处理图 2-19 应力-应变曲线获得的横纹弦向抗压弹性模量约为 111MPa。从上述测试结果可知，水杉顺纹抗压弹性模量最大，其次为横纹径向弹性模量，横纹弦向弹性模量最小；顺纹抗压弹性模量约为横纹径向抗压弹性模量的 9 倍，为横纹弦向抗压弹性模量的 52 倍。

2.2.2 水杉准静态压缩实验

本节主要对尺寸为 20mm×20mm×30mm 的水杉试件沿顺纹、横纹径向和横纹弦向开展准静态压缩实验，加载方向与试件长度方向一致，分析材料力学性能各向异性行为特征。

1. 顺纹准静态压缩实验

在准静态实验中，沿五件顺纹试件准静态压缩得到的应力-应变曲线如图 2-20 所示。图中 No.1～No.5 分别表示参试的五件试样，从图 2-20 中可以看出，实验获得的应力-应变曲线呈非单调性，与图 2-5 云杉顺纹压缩曲线相似，应力随应变增加呈现增加-减小-增加的趋势。当应变约为 0.027 时，试件进入塑性屈服状态，此时对应的应力约为 24.6MPa，当试件变形到约 70%时，材料逐渐进入到完全压实状态，应力随应变的增加而快速增加。整条曲线多次振荡而不是非常光滑，说明压缩过程中材料的承载能力随着胞壁结构的屈曲褶皱渐进破坏出现一定的波动。

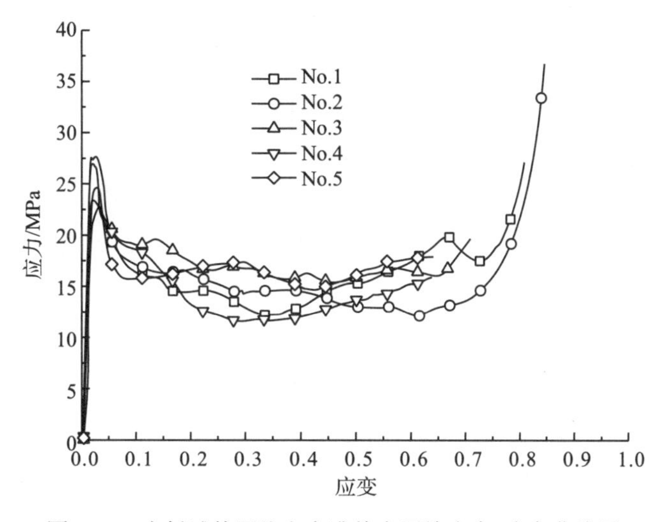

图 2-20　水杉试件顺纹方向准静态压缩应力-应变曲线图

顺纹压缩后得到的试件破坏情况如图 2-21 所示，可以看到，材料在顺纹压缩作用下纤维中部发生屈曲折断，试件沿加载方向两端面面积略有增加；受加载头和底部支撑面摩擦作用，沿纤维方向中部位置发生脱层，向四周鼓胀。

(a) 俯视

(b) 侧视

图 2-21　水杉试件顺纹压缩破坏图

2. 横纹径向准静态压缩实验

图2-22为四件水杉试件横纹径向准静态压缩测试得到的应力-应变曲线，图中No.1～No.4表示参试的四件试件，与图2-7云杉横纹径向压缩曲线相似，在准静态横纹径向压缩过程中应力与应变曲线呈单调递增。从图2-22可知，当应变约为0.015时，试件进入塑性屈服状态，此时应力约为3.1MPa。在进入塑性屈服状态后，随着应变的增加，应力进入到一个缓慢增长阶段。当应变达到约0.6时，材料进入到压实阶段，应力随应变增加而快速增加。

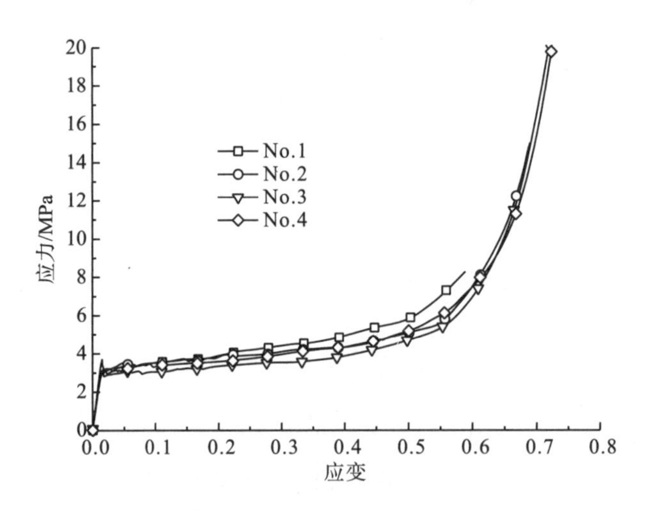

图2-22 水杉试件横纹径向准静态压缩应力-应变曲线图

水杉试件经横纹径向压缩实验后的破坏情况如图2-23所示，在横纹径向压缩作用下水杉试件出现褶皱，且每层褶皱与加载面平行并向侧面膨胀。试件的轴线变成曲线，且试件的侧面成为波浪形。

(a) 俯视

(b) 侧视

图 2-23　水杉试件横纹径向压缩破坏图

3. 横纹弦向准静态压缩实验

图 2-24 为水杉试件横纹弦向准静态压缩实验得到的应力-应变曲线，图中 No.1～No.3 表示参试的三件试样，与横纹径向压缩曲线相似，应力曲线具有一段较长的平台段，随着材料进入到压实状态，应力呈现快速增长的趋势。从图 2-24 中可知，当应变约为 0.03 时，试件进入塑性屈服状态，此时应力为 3.9MPa，经过一段应力幅值约为 2.75MPa 的“平台”段后，当应变到达约 0.57 时，应力随应变增加开始快速增加，试件进入到压实阶段。

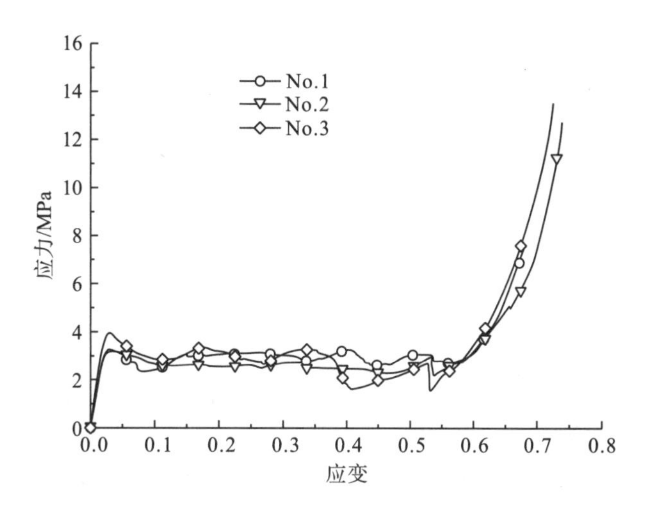

图 2-24　水杉试件横纹弦向准静态压缩应力-应变曲线图

横纹径向压缩后的试件破坏情况如图 2-25 所示，可见试件沿压缩侧向(即径向)发生较大的凹凸侧弯，部分试件沿年轮发生分层，最终形成剥离。

(a) 俯视

(b) 侧视

图 2-25　水杉试件横纹弦向压缩破坏图

4. 不同方向准静态压缩应力-应变关系比较

结合图 2-20、图 2-22 和图 2-24 水杉试件不同方向准静态压缩实验测试结果，水杉试件沿顺纹、横纹径向和横纹弦向准静态压缩应力-应变曲线如图 2-26 所示。从图 2-26 中不难看出，对于顺纹方向压缩，试件具有初始压缩强度，约为 24.6MPa，而横纹径向和横纹弦向准静态压缩强度相当(3～4MPa)；不同方向压缩应力-应变曲线与图 2-11 云杉压缩曲线趋势一致，压缩过程中应力曲线表现为弹性变形、塑性平台和致密压实三个阶段。

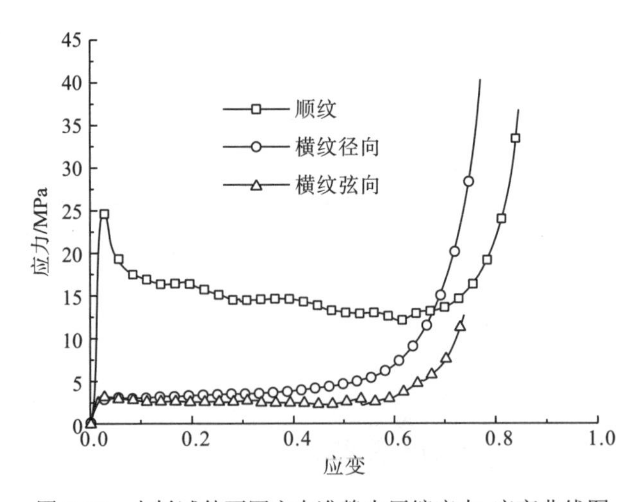

图 2-26　水杉试件不同方向准静态压缩应力-应变曲线图

2.2.3　水杉准静态压缩吸能行为

按照式(2-1)对图 2-26 所示的曲线进行积分便可得到单位体积水杉试件不同方向准静态压缩吸能-应变曲线，如图 2-27 所示。从图 2-27 中可以看出，沿不同方向压缩得到的水杉木材单位体积吸能随应变的增加而增大，在相同变形(应变相等)情况下，沿顺纹方向压缩吸收的能量最大。基于图 2-12 云杉吸能-应变曲线和图 2-27 水杉吸能-应变曲线可知，两者沿不同方向压缩下能量的耗散机制是相同的，吸能效率特征也相同，在此就不针对其吸能率和理想吸能率展开详细讨论。

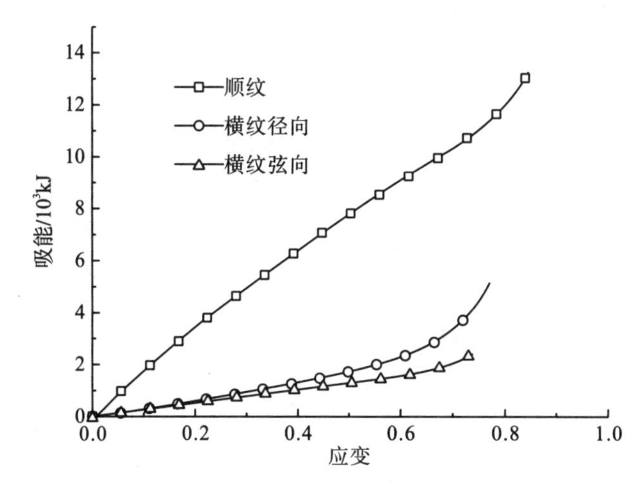

图 2-27　单位体积水杉试件不同方向准静态压缩吸能-应变曲线图

2.3　毛白杨准静态力学行为

毛白杨属落叶大乔木，生长快，树干通直挺拔，是速生用材林，防护林和行道河渠绿化的好树种，广泛地分布于黄河流域中、下游地区。成年毛白杨高达 30m，树皮幼时呈暗灰色，壮时呈灰绿色，渐变为灰白色，老时基部呈黑灰色，树冠呈圆锥形至卵圆形或圆形，枝叶茂密，如图 2-28 和图 2-29 所示。毛白杨纹理直，纤维含量高，易干燥，易加工，油漆及胶结性能好，可应用于建筑、家具和人造纤维等领域。

图 2-28　毛白杨

图 2-29　毛白杨枝叶

本节针对毛白杨开展不同方向准静态压缩实验测试其基本力学性能，试件从直径约为 400mm 的木材截取获得，经测试毛白杨试件的密度为 0.544 g/cm^3，经温度为(103±2)℃的烘箱烘烤 10h 后测试得到的含水率为 14.6%。

2.3.1　毛白杨弹性模量

采用前述实验标准方法，获得毛白杨试件沿顺纹、横纹径向和横纹弦向抗压弹性模量实验测试曲线与拟合曲线如图 2-30～图 2-32 所示。从图 2-30 可得，顺纹抗压弹性模量约为 10.5GPa；从图 2-31 可得，横纹径向抗压弹性模量约为 888MPa，从图 2-32 可得，横纹弦向抗压弹性模量约为 505MPa。

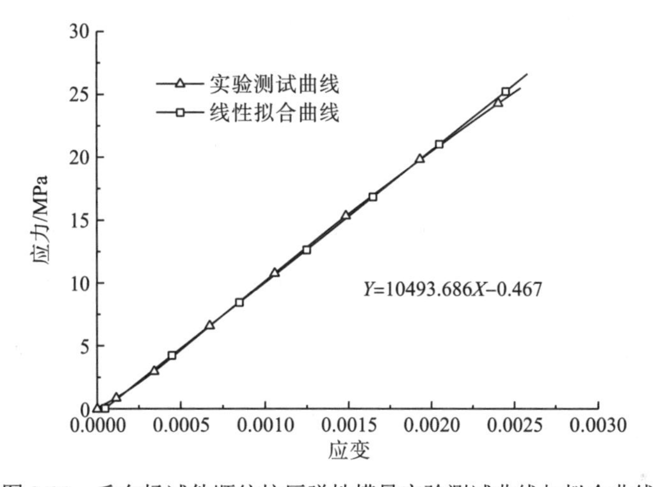

图 2-30　毛白杨试件顺纹抗压弹性模量实验测试曲线与拟合曲线

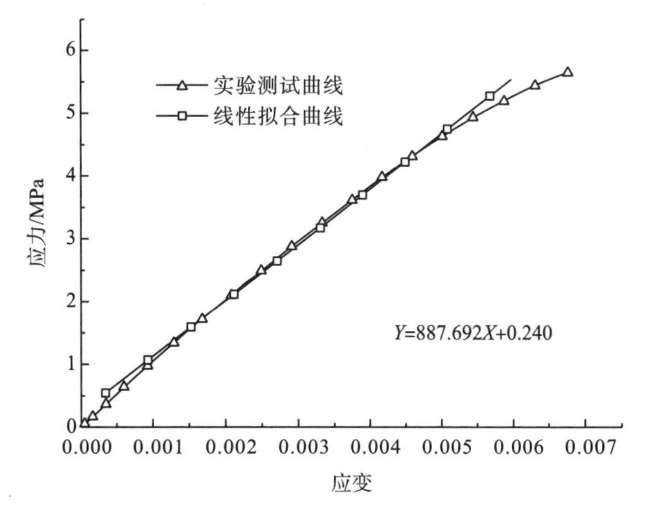

图 2-31　毛白杨试件横纹径向抗压弹性模量实验测试曲线与拟合曲线

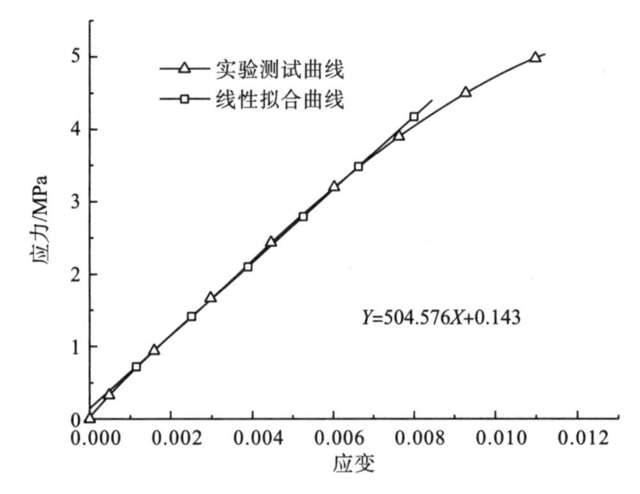

图 2-32 毛白杨试件横纹弦向抗压弹性模量实验测试曲线与拟合曲线

从毛白杨试件三个不同方向抗压弹性模量测试结果可知，毛白杨试件顺纹方向抗压弹性模量(10.5GPa)最大，其次为横纹径向抗压弹性模量(888MPa)，横纹弦向抗压弹性模量(505MPa)最小。顺纹抗压弹性模量约为横纹径向抗压弹性模量的 12 倍，为横纹弦向抗压弹性模量的 21 倍。

2.3.2 毛白杨准静态压缩实验

本节同样针对尺寸为 20mm×20mm×30mm 的毛白杨试件沿顺纹、横纹径向和横纹弦向开展准静态压缩实验，测试其材料力学性能各向异性行为特征。

1. 顺纹准静态压缩实验

针对五件毛白杨试件顺纹方向准静态压缩得到的应力-应变曲线如图 2-33 所示，图中 No.1～No.5 表示参试的五件试件，与云杉试件、水杉试件性能相似，实验测试应力-应变曲线出现非单调性，应力随应变增加呈现增加-减小-增加趋势，屈服应力约为 42.4MPa(应力达到第一峰值)，平台应力约为 32MPa。当试件应变约为 0.6 时，试件进入到压实状态，应力随应变的增加而快速增加。

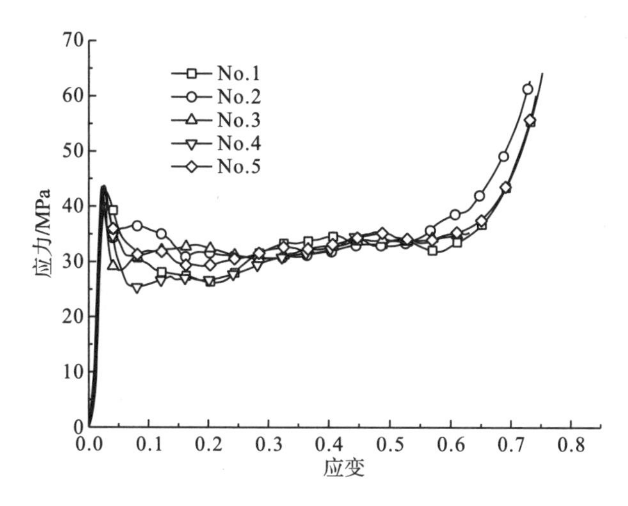

图 2-33 毛白杨试件顺纹方向准静态压缩应力-应变曲线图

顺纹压缩后得到的毛白杨试件破坏情况如图 2-34 所示。从图中可以看出，顺纹压缩作用下毛白杨木材纤维中部发生屈曲折断，受加载头和底部支撑面摩擦作用，加载和支撑端面相对完整，沿纤维方向中部位置发生纤维脱层凸出。

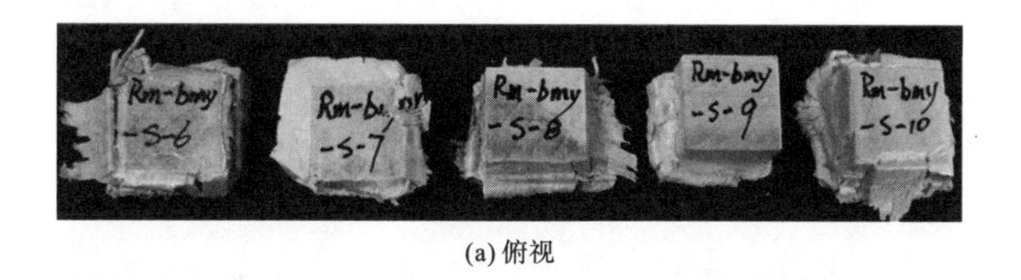

(a) 俯视

(b) 侧视

图 2-34 毛白杨试件顺纹压缩破坏图

2. 横纹径向准静态压缩实验

四件毛白杨试件横纹径向准静态压缩得到的应力-应变曲线如图 2-35 所示，图中 No.1～No.4 表示参试的四件试件，由图 2-35 可知，毛白杨横纹径向屈服强度约为 5.8MPa。在进入塑性屈服状态后，随着应变的增加，应力进入到一个缓慢增长阶段；当应变达到约 0.55 时，木材胞壁发生破坏压实，应力进入到快速增长阶段。

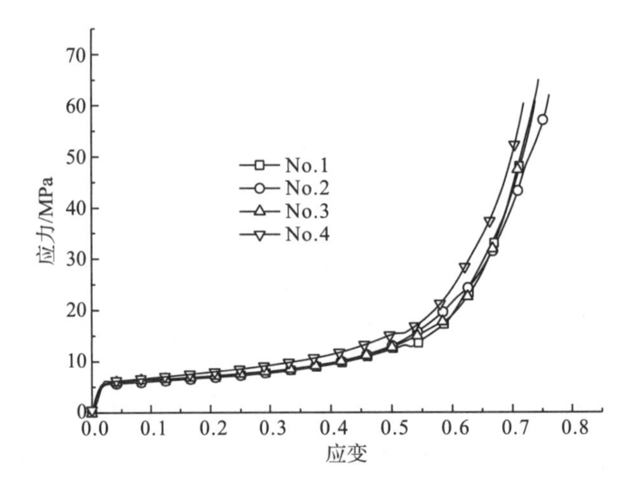

图 2-35 毛白杨试件横纹径向准静态压缩应力-应变曲线图

毛白杨经横纹径向压缩后的破坏情况如图 2-36 所示，在横纹径向压缩过程中试件垂直于纤维生长方向出现屈曲褶皱，随着载荷增加纤维发生脱层滑移运动。

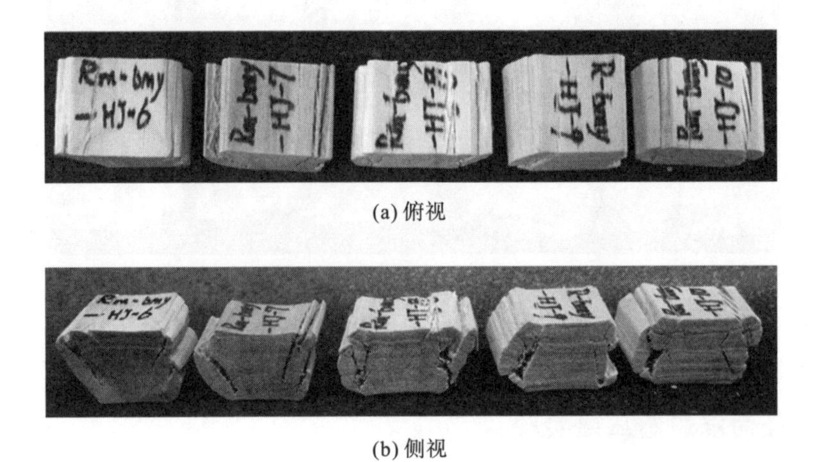

(a) 俯视

(b) 侧视

图 2-36 毛白杨试件横纹径向压缩破坏图

3. 横纹弦向准静态压缩实验

图 2-37 为五件毛白杨试件横纹弦向准静态压缩应力-应变曲线，图中 No.1～No.5 表示参试的五件试件。与横纹径向压缩相似，横纹弦向压缩过程中应力与应变呈单调递增。由图 2-37 中可知，毛白杨横纹弦向屈服强度约为 3.3MPa；当应变达到 0.45 时，木材胞壁发生破坏，试件进入压实阶段，应力快速增长。

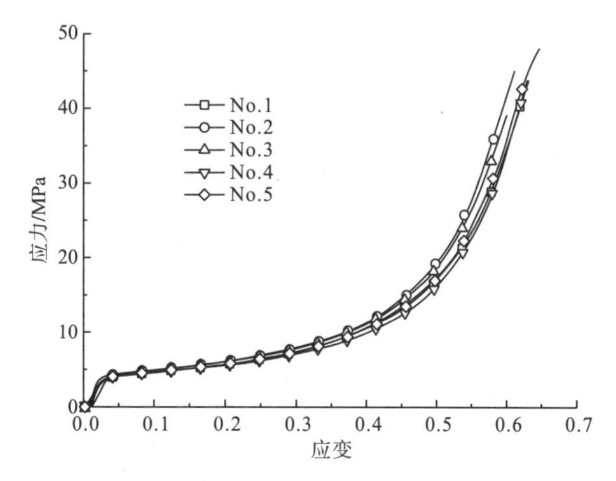

图 2-37　毛白杨试件横纹弦向准静态压缩应力-应变曲线图

横纹弦向压缩后的试件破坏情况如图 2-38 所示。从图中可以看出，在弦向压缩过程中，试件垂直于纤维方向发生的凹凸褶皱弯曲，部分试件沿年轮发生分层，最终形成剥离。

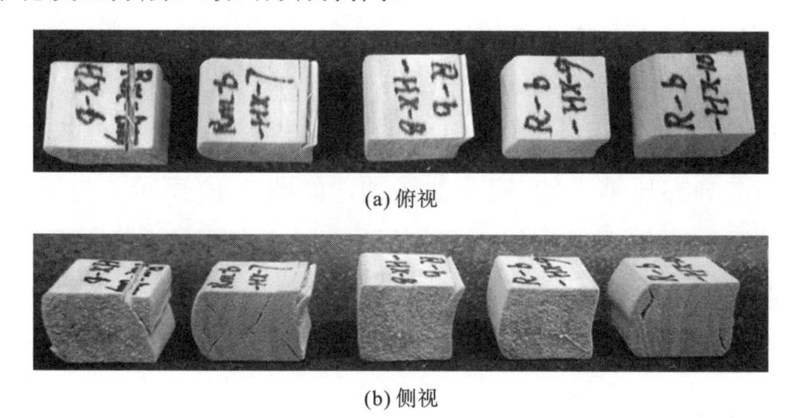

(a) 俯视

(b) 侧视

图 2-38　毛白杨试件横纹弦向压缩破坏图

4. 不同方向准静态压缩应力-应变关系比较

毛白杨试件沿顺纹、横纹径向和横纹弦向准静态压缩应力-应变曲线如图 2-39 所示，从图 2-39 中不难看出，顺纹压缩强度远高于横纹强度，顺纹压缩初始压缩强度约为 42.4MPa，而横纹径向和弦向屈服强度分别约为 5.8MPa 和 3.3MPa。受纤维屈曲褶皱失效模式影响，顺纹压缩应力-应变曲线为非单调曲线，应力进入屈服段时有一段明显的下降过程，而横纹径向和横纹弦向应力-应变关系呈单调递增。

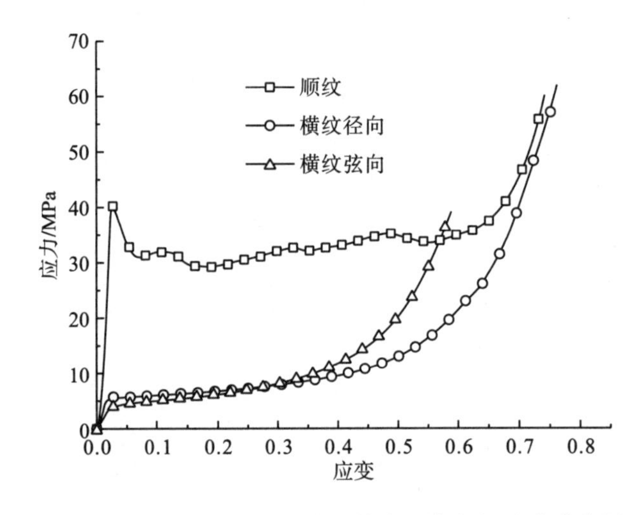

图 2-39 毛白杨试件不同方向准静态压缩应力-应变曲线图

2.3.3 毛白杨准静态压缩吸能行为

按照式(2-1)对图 2-39 曲线进行积分可得到单位体积毛白杨试件不同方向准静态压缩吸能-应变曲线图，如图 2-40 所示。与云杉试件、水杉试件压缩吸能曲线相似，在相同变形(应变相等)情况下，沿顺纹方向压缩吸收的能量最大，而横纹径向和横纹弦向压缩吸能在小变形情况下基本相当，随着应变继续增加，横纹弦向压缩吸能略大于横纹径向压缩吸能。

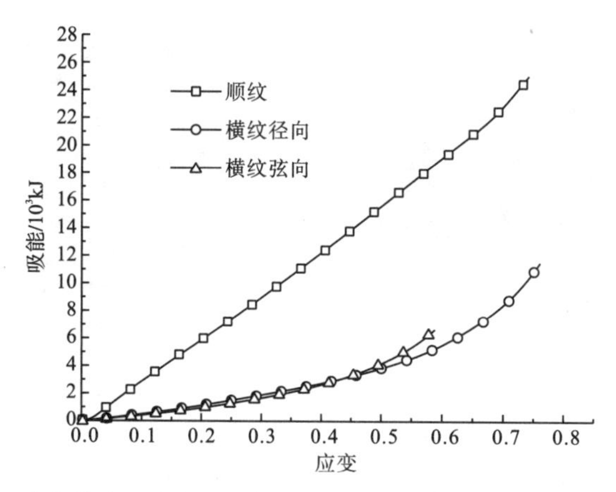

图 2-40　单位体积毛白杨试件沿不同方向准静态压缩吸能-应变曲线图

2.4　人工木材准静态力学行为

为保护自然资源，避免大量砍伐树木，影响生态环境，通过发展人工木材开发技术，充分地利用现有木材资源，提高树木使用价值和利用率，缓解越来越突出的木材供需矛盾，在国民经济建设中发挥了重要的经济价值。不同于天然木材，人工木材的密度、强度、各向异性特性均可设计，工程应用中可根据具体使用需求进行合理调整。中纤板和刨花板是目前家具生产和建筑领域中应用较为广泛的人工木材，下面针对两种材料静态力学行为开展实验测试研究。

2.4.1　中密度纤维板准静态力学行为

中密度纤维板(简称中纤板)主要是由农业三剩物或者次小薪材等组成的人造板，其主要成分是木质纤维、树脂胶等。中纤板的生产通常经历热磨、干燥、施胶、铺装、热压处理、砂光后成型过程，其密度为 0.65～0.80g/cm^3。中纤板作为代替原木的环保型家具建材，其主要优点是相对原木价格低廉，容易加工，材质均匀，物理性能好，在添加石蜡等物品后能防水防潮。相对于普通刨花板，中纤板纤维细腻，饰面平整、不起鼓、不分层，能大大地减少材料使用量，如图 2-41 所示。

(a) 整体形貌

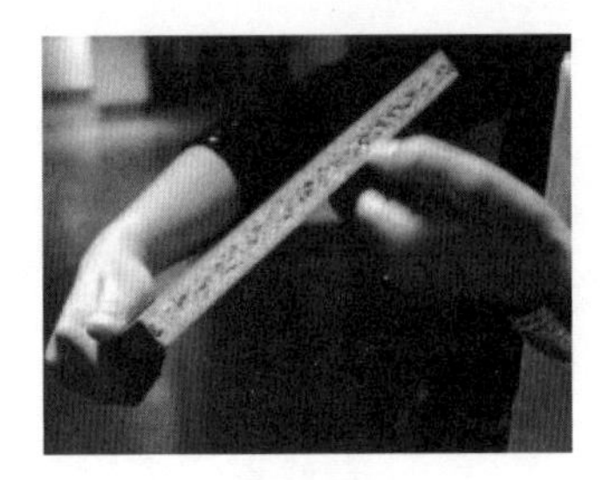

(b) 截面

图 2-41 中纤板

中纤板实验原料来自厚度为 18mm 的板材，由于其厚度相对较薄；通过将两层板材胶粘的方式黏接成一体，然后在板上进行截取制成静态压缩试件，静态压缩实验中加载方向与板面平行。试件的密度为 0.672g/cm^3，经温度为(103±2)℃的烘箱烘烤 10h 后得到的其含水率为 8.0%。

1. 抗压弹性模量

参照木材抗压模量测试国家标准的相关要求，针对五件尺寸为 20mm×20mm×60mm 的试件开展准静态压缩实验，图 2-42 为中纤板试件抗压弹性模量实验测试曲线与拟合曲线，从弹性段应力-应变关系拟合曲线可知，试件抗压弹性模量约为 1.44GPa。

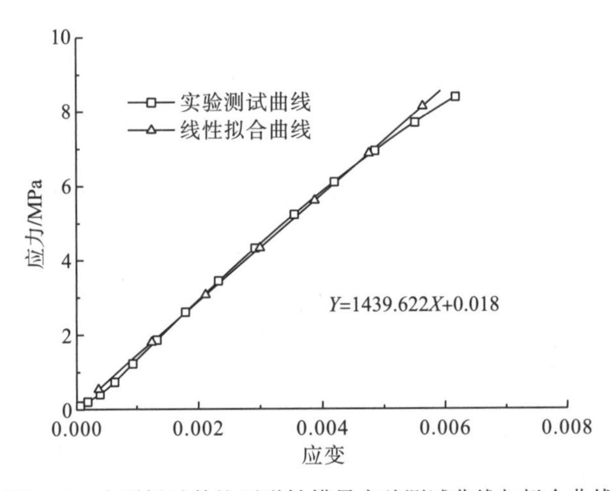

图 2-42 中纤板试件抗压弹性模量实验测试曲线与拟合曲线

2. 准静态压缩实验

中纤板试件准静态压缩应力-应变曲线如图 2-43 所示，图中 No.1～No.5 表示参试的五件试样。从图 2-43 中可以看出，实验获得的应力-应变曲线出现非单调性，应力随应变增加呈现迅速增加-迅速减小-缓慢减小的现象。当变形约为 0.02 时，试件进入塑性屈服状态，此时对应的应力峰值约为 10.7MPa。由于此时中纤板出现沿试件轴向的分层破坏，承载能力迅速降低，表现为应力急剧下降。当分层破坏完成后，随着载荷的增大，试件出现屈曲等变形，试件继续发生压缩变形需要的载荷逐渐变小，应力-应变曲线进入一个缓慢下降的过程。整个曲线多次振荡而不是圆滑的曲线，说明压缩过程中材料的承载能力随着试件结构的渐进破坏出现一定的波动。

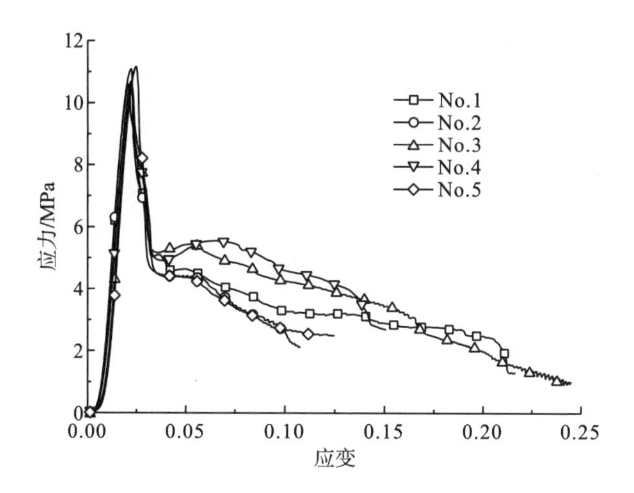

图 2-43　中纤板试件准静态压缩应力-应变曲线图

经压缩得到的试件破坏情况如图 2-44 所示，可见试件在准静态压缩作用下中纤板沿轴向分裂为多层，随着载荷的加大各层逐渐分离，形成试件的破坏。

(a) 俯视

(b) 侧视

图 2-44 中纤板试件压缩破坏图

3. 准静态压缩吸能行为

按照式(2-1)对图 2-43 平均应力-应变曲线进行积分，可得单位体积中纤板试件准静态压缩吸能-应变曲线图，如图 2-45 所示。可以看到，压缩作用下中纤板单位体积吸能随应变的增加而增大，由于中纤板准静态压缩屈服强度低于云杉(图 2-11)、水杉(图 2-26)、毛白杨(图 2-39)顺纹压缩强度，而高于其横纹屈服强度，因此中纤板单位体积吸能高于三种天然木材的横纹压缩能量耗散，而低于其顺纹压缩能量耗散。

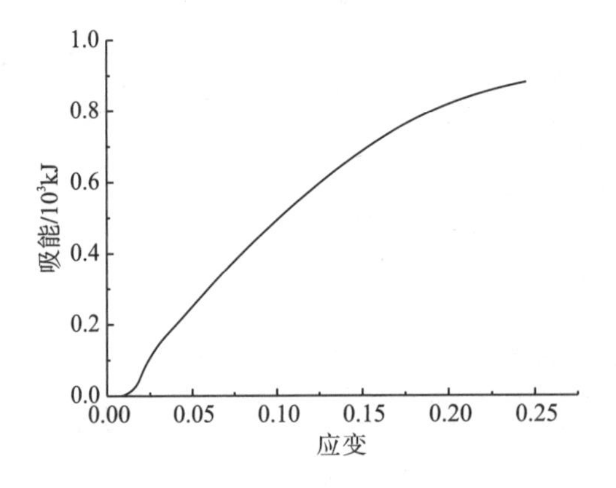

图 2-45 单位体积中纤板试件准静态压缩吸能-应变曲线图

2.4.2　刨花板准静态力学行为

刨花板也称为颗粒板，由一定规格的枝芽、小径木、速生木材、木屑等碎片，经过干燥，拌以胶料、硬化剂、防水剂等，在一定的温度压力下压制而成，如图 2-46 所示。刨花板内部为交叉错落结构的颗粒状，排列不均匀，沿空间各方向的力学性能基本相同，具有良好的吸音和隔音性能。

刨花板实验原料来自厚度为 18mm 的板材，与中纤板取样类似，将两层板材通过胶粘的方式黏接成一体，然后截取制样，静态压缩实验中加载方向与板面平行。试件的密度为 0.680g/cm^3，经温度为(103±2)℃的烘箱烘烤 10h 后得到的其含水率为 8.6%。

(a) 截面

(b) 整体形貌

图 2-46　刨花板

1. 抗压弹性模量

参照木材抗压模量测试的国家标准相关要求，对尺寸为 20mm×20mm×60mm 的刨花板试件开展抗压弹性模量实验，实验测试曲线与拟合曲线如图 2-47 所示。对图 2-47 中应力-应变曲线进行直线拟合可知刨花板抗压弹性模量约为 1.33GPa。

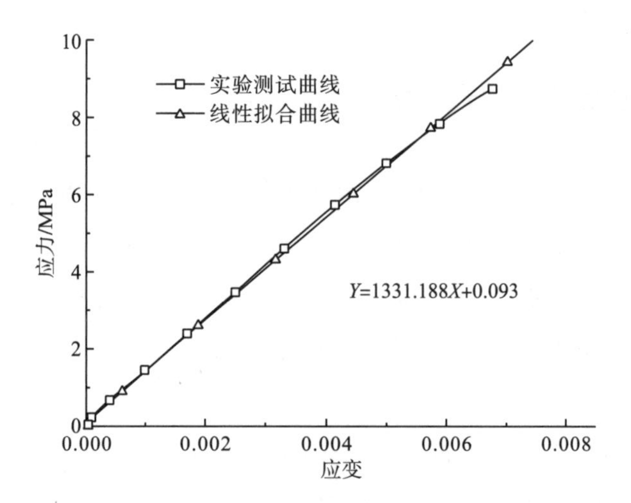

图 2-47 刨花板试件抗压弹性模量实验测试曲线与拟合曲线

2. 准静态压缩实验

图 2-48 为五件刨花板试件准静态压缩应力-应变曲线，图中 No.1～No.5 分别表示参试的五件试样。从图 2-48 可以看出，刨花板试件压缩应力-应变曲线呈现快速增加-快速减小-缓慢减小的非单调性趋势。当应变约为 0.028 时，试件进入塑性屈服状态，此时对应的应力峰值约为 12.8MPa。由于此时刨花板出现沿试件轴向的分层破坏，承载能力迅速降低，表现为应力急剧下降。当分层破坏完成后，随着载荷的增大，试

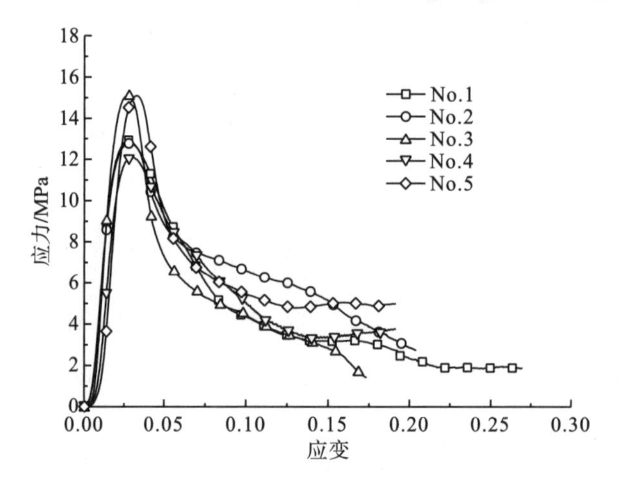

图 2-48 刨花板试件准静态压缩应力-应变曲线图

件出现屈曲等变形，试件继续发生压缩变形，需要的载荷逐渐变小，应力-应变曲线进入一个缓慢下降的过程，最终刨花板试件沿轴向分裂为多层，如图 2-49 所示。

(a) 俯视

(b) 侧图

图 2-49　刨花板试件压缩破坏图

3. 准静态压缩吸能行为

刨花板试件准静态压缩吸能特性可采用式(2-1)对图 2-48 中的平均应力-应变曲线进行积分获得，计算得到的单位体积刨花板试件准静态压缩吸能-应变曲线如图 2-50 所示。由于本实验刨花板强度介于前述天

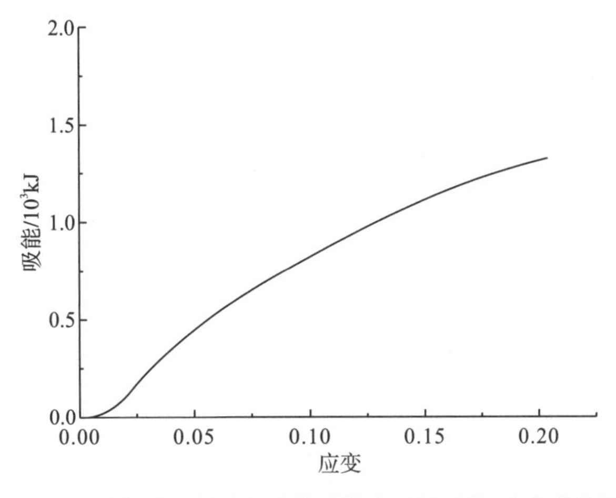

图 2-50　单位体积刨花板试件准静态压缩吸能-应变曲线图

然云杉、水杉和毛白杨横纹与顺纹压缩强度之间，且略高于中纤板，因此其压缩耗散能量大于前述三种天然木材横纹压缩耗能、中纤板压缩吸能；低于三种天然木材顺纹压缩耗能。

2.5 木材压缩能量耗散机制理论分析

2.5.1 能量耗散方式

从前述木材静态压缩后试件失效情况可知，在顺纹方向载荷作用下，试件主要通过木材纤维沿垂直于顺纹产生一定量塑性滑移变形和纤维束屈曲来耗散能量；横纹径向和弦向载荷作用下试件主要靠木材纤维束层间分离和滑移来耗散能量。

基于压缩实验结果可知，木材纤维间的脱离和相对滑移是木材耗散能量的主要方式，由于木材顺纹压缩弹性模量、屈服强度远大于其径向(弦向)弹性模量和屈服强度，因此将木材作为包装结构材料用于吸能时应充分地考虑被保护体特性，选用具有高弹性模量和屈服强度的顺纹方向垂直于被保护体，可以避免发生大变形，但顺纹方向具有较高屈服强度，在冲击作用下吸收较大的弹性吸能，随着弹性能的释放易对被保护体形成反复作用；采用横纹弦向垂直于保护体，可以使木材在低应力下发生大塑性变形吸收能量，减小被保护体所受载荷峰值，但大能量耗散会伴随较大的塑性变形。

2.5.2 顺纹压缩屈曲分析

由于木材为多胞复合材料，细观结构分布决定了其基本力学性能和变形失效模式。通过电子显微观察经顺纹压缩后的云杉可以看到，顺纹压缩使云杉纤维胞壁产生屈曲皱褶失效，如图 2-51 所示。

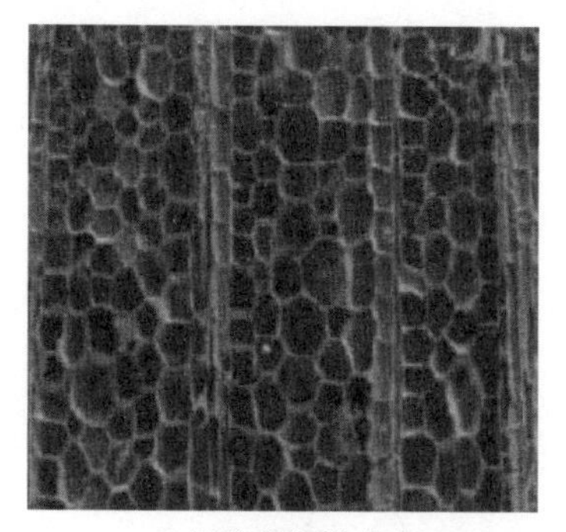

(a) 压缩前胞孔分布

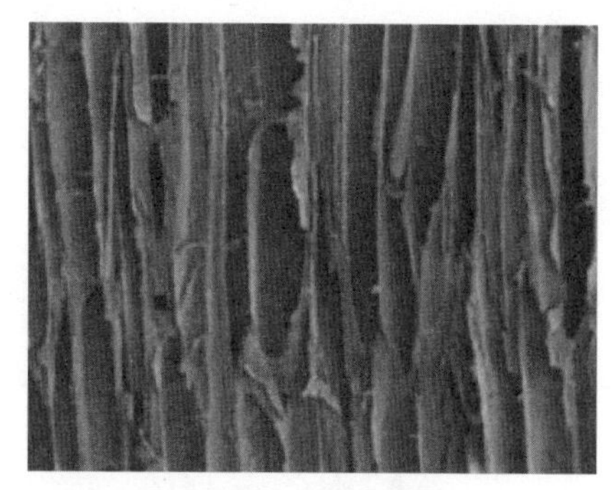

(b) 胞孔径切面视图

(c) 顺纹压缩后胞孔变形

图 2-51　顺纹压缩扫描电子显微图

可将单个木材胞元简化为圆筒结构分析其屈曲行为，胞元结构在轴向压缩作用下产生内外褶皱的力学模型如图 2-52 所示。此时形成三个圆环形塑性铰，见图 2-52 中①、②、③处。忽略圆筒结构在压缩过程中的弹性应变能，假设结构材料为理想刚塑性，因此压缩载荷 P 所做的功转化为三个塑性铰的弯曲塑性能和圆筒材料产生的周向拉伸(外褶皱)或压缩(内褶皱)塑性变形能。

塑性铰弯曲耗散的能量为

$$W_{\mathrm{b}}=2M_{0}\theta\pi\frac{D+d}{2}+2M_{0}\int_{0}^{\theta}\pi\left(\frac{D+d}{2}+2H\sin\theta\right)\mathrm{d}\theta \tag{2-4}$$

式中，M_0 为结构材料单位宽度的塑性极限弯矩；H 为褶皱的半长。等号右边第一项为塑性铰①和③耗散能量；第二项为塑性铰②弯曲耗散塑性能。式(2-4)可简化为

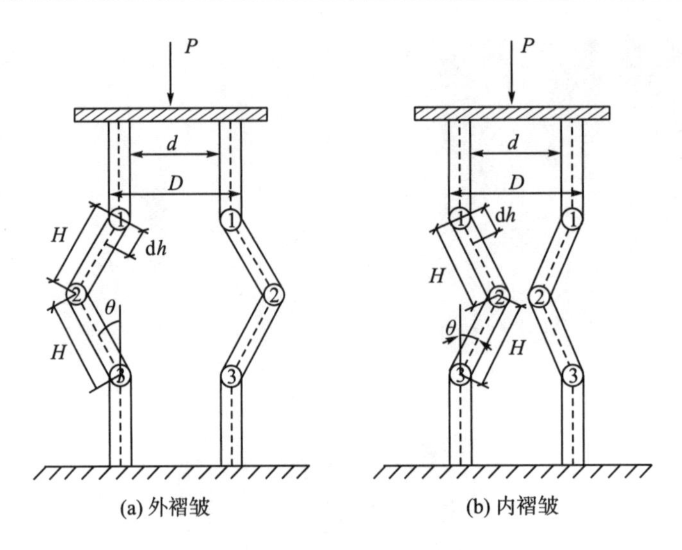

图 2-52 圆筒模型压溃简化图

$$W_b = 2M_0\pi(D+d)\theta + 4M_0\pi H(1-\cos\theta) \tag{2-5}$$

令材料的屈服应力为 Y，当产生外褶皱时，结构材料拉伸耗散的能量为

$$W_t = \frac{D^2-d^2}{2}Y\pi\left[\left(H+\frac{D+d}{4\sin\theta}\right)\ln\left(1+\frac{4H\sin\theta}{D+d}\right)-H\right] \tag{2-6}$$

当产生内褶皱时，结构材料压缩耗散的能量为

$$W_c = \frac{D^2-d^2}{2}Y\pi\left[\left(H-\frac{D+d}{4\sin\theta}\right)\ln\left(1-\frac{4H\sin\theta}{D+d}\right)-H\right] \tag{2-7}$$

当褶皱向外时，根据能量守恒，平均外力 P_m 所做的功应等于塑性铰弯曲耗散的能量和拉伸耗散的能量之和，因此由式(2-5)和式(2-6)有

$$\begin{aligned}P_m 2H\left(1-\cos\theta\right) &= 2M_0\pi(D+d)\theta + 4M_0\pi H(1-\cos\theta)\\ &\quad + \frac{D^2-d^2}{2}Y\pi\left[\left(H+\frac{D+d}{4\sin\theta}\right)\ln\left(1+\frac{4H\sin\theta}{D+d}\right)-H\right]\end{aligned} \tag{2-8}$$

当外褶皱被完全压缩时，$\theta=\pi/2$，式(2-8)可化为

$$\begin{aligned}P_m &= \frac{M_0\pi^2(D+d)}{2H} + 2M_0\pi\\ &\quad + \frac{D^2-d^2}{4}Y\pi\left[\left(1+\frac{D+d}{4H}\right)\ln\left(1+\frac{4H}{D+d}\right)-1\right]\end{aligned} \tag{2-9}$$

当发生内褶皱时，根据能量守恒，由式(2-5)和式(2-7)有

$$P_{\mathrm{m}}2H\left(1-\cos\theta\right)=2M_0\pi(D+d)\theta+4M_0\pi H(1-\cos\theta)+\frac{D^2-d^2}{2}Y\pi\left[\left(H-\frac{D+d}{4\sin\theta}\right)\ln\left(1-\frac{4H\sin\theta}{D+d}\right)-H\right] \tag{2-10}$$

当内褶皱被完全压缩时，$\theta=\pi/2$，式(2-10)可化为

$$P_{\mathrm{m}}=\frac{M_0\pi^2(D+d)}{2H}+2M_0\pi+\frac{D^2-d^2}{4}Y\pi\left[\left(1-\frac{D+d}{4H}\right)\ln\left(1-\frac{4H}{D+d}\right)-1\right] \tag{2-11}$$

对于理想刚塑性材料板或壳,其单位宽度塑性极限弯矩表达式为[15]

$$M_0=\frac{Y\left(D-d\right)^2}{4} \tag{2-12}$$

将式(2-12)分别代入式(2-10)和式(2-11)，可得产生单个内(外)褶皱时的平均外力为内褶皱：

$$P_{\mathrm{m}}=\frac{Y\pi^2(D^2-d^2)(D-d)}{8H}+\frac{Y\pi\left(D-d\right)^2}{2}+\frac{D^2-d^2}{4}Y\pi\left[\left(1+\frac{D+d}{4H}\right)\ln\left(1+\frac{4H}{D+d}\right)-1\right] \tag{2-13}$$

外褶皱：

$$P_{\mathrm{m}}=\frac{Y\pi^2(D^2-d^2)(D-d)}{8H}+\frac{Y\pi\left(D-d\right)^2}{2}+\frac{D^2-d^2}{4}Y\pi\left[\left(1-\frac{D+d}{4H}\right)\ln\left(1-\frac{4H}{D+d}\right)-1\right] \tag{2-14}$$

式(2-13)和式(2-14)为单个木材胞元结构沿顺纹方向压缩产生完全内褶皱和外褶皱屈曲时的平均外力,可以看出平均外载荷大小由材料屈服应力、胞元结构尺寸及褶皱半长决定。

2.5.3　横纹压缩塌陷分析

从图 2-51(a)木材胞孔显微图可以看出，木材细观结构可看成由截面为六边形木材微胞元堆砌而成。因此对木材横纹方向压缩行为可近似

为正六边形木材胞元堆砌结构承受横向载荷，如图 2-53 所示。

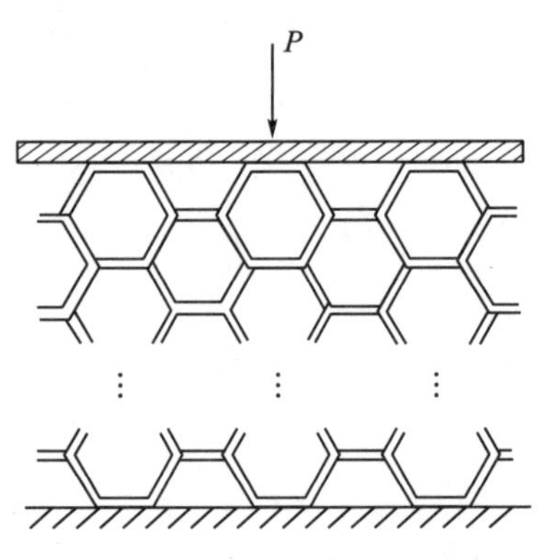

图 2-53　横纹压缩模型简化图

为认识木材在横向压缩作用下的失效行为，对单胞元结构压缩进行力学分析，假设木材胞元结构截面简化为正六边形，边长为 H，胞元长度为 L，在横纹方向压缩前后单胞结构变形情况如图 2-54 所示。

假设木材胞元结构体积为完全可压缩，垂直于载荷方向不发生膨胀变形(即压缩过程中塑性铰③和④之间距离不变)，胞元结构失效模式主要包括六个塑性铰的弯曲和四个胞壁(①-③、③-⑤、②-④和④-⑥)压缩塑性变形，平均载荷 P_m 作用下胞元结构由图 2-54(a)的正六边形变为图 2-54(b)的斜六边形图，因此 P_m 载荷所做的功主要转化为塑性铰弯曲耗散能量和胞壁压缩塑性变形能。

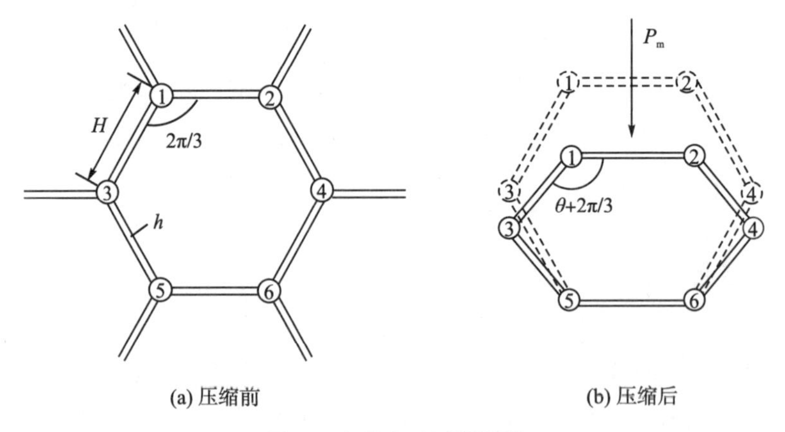

图 2-54　单胞元压缩模型

当塑性铰①处角度由 $2\pi/3$ 变为 $(\theta+2\pi/3)$ 时，六个塑性铰弯曲耗散的能量为

$$W_{\rm b}=8M_0L\theta \tag{2-15}$$

式中，M_0 为木材胞元单位宽度的塑性极限弯矩；L 为胞元结构的轴向长度。令木材胞元材料的屈服应力为 Y，胞元结构压缩耗散的能量为

$$W_{\rm c}=4YHLh\ln\left[\frac{4\sin(\pi/6+\theta)-1}{2\sin(\pi/6+\theta)}\right] \tag{2-16}$$

根据能量守恒，平均外力 $P_{\rm m}$ 所做的功转化为塑性铰弯曲耗散和胞元壁压缩耗散的能量之和，因此由式(2-15)和式(2-16)有

$$P_{\rm m}H\left[\sqrt{3}-\cot(\pi/6+\theta)\right]=8M_0L\theta+4YHLh\ln\left[\frac{4\sin(\pi/6+\theta)-1}{2\sin(\pi/6+\theta)}\right] \tag{2-17}$$

当单个胞元被完全压缩时，$\theta=\pi/3$，式(2-17)可化为

$$\sqrt{3}P_{\rm m}H=\frac{8\pi M_0L}{3}+4YHLh\ln\frac{3}{2} \tag{2-18}$$

对于图 2-54 的木材单胞结构，木材胞元单位宽度的塑性极限弯矩可表示为

$$M_0=\frac{Yh^2}{4} \tag{2-19}$$

结合式(2-19)和式(2-18)，平均极限载荷可化为

$$P_{\rm m}=\frac{2\sqrt{3}\pi YLh^2}{9H}+\frac{4\sqrt{3}YLh}{3}\ln\frac{3}{2} \tag{2-20}$$

式(2-20)为单个木材胞元结构受到横向载荷产生完全压缩情况时的平均外力载荷表达式，可以看出平均外载荷值取决于胞元材料屈服应力、胞元结构壁厚度及长度参量。

2.6　本 章 小 结

本章针对三种天然木材和两种人工木材开展了静态力学行为实验研究，获得了天然木材沿三个材料轴方向的基本力学特性，以及人工木

材基本准静态力学性能参数，并将三种天然木材性能、压缩吸能特性与人工木材进行了比较分析。结果表明木材沿顺纹方向抗压弹性模量、屈服强度远高于横纹方向；横纹径向和弦向准静态压缩屈服应力差异不大。木材沿顺纹方向加载破坏形式表现为木材纤维轴向屈曲、褶皱；横纹径向和弦向加载失效行为表现为木材纤维间的滑移破坏；顺纹方向加载下木材胞元结构产生屈曲破坏，横纹方向加载下胞元结构侧向塌陷破坏。本章结合木材实验失效破坏情况，开展了木材失效机制和屈曲行为理论分析，试样承载能力大小主要取决于材料屈服应力、胞元结构尺寸及褶皱半长等参量。

参 考 文 献

[1] Tabiei A, Wu J V. Three-dimensional nonlinear orthotropic finite element material model for wood[J]. Composite Structures, 2000, 50(2): 143-149.

[2] Vural M, Ravichandran G. Dynamic response and energy dissipation characteristics of balsa wood: Experiment and analysis[J]. International Journal of Solids and Structures, 2003, 40(9): 2147-2170.

[3] 窦金龙, 汪旭光, 刘云川. 杨木的动态力学性能[J]. 爆炸与冲击, 2008, 28(4): 367-371.

[4] Sonderegger W, Niemz P. The influence of compression failure on the bending, impact bending and tensile strength of spruce wood and the evaluation of non-destructive methods for early detection[J]. Holz als Roh und Werkst, 2004, 62(5): 335-342.

[5] Gindl W. The effect of lignin on the moisture-dependent behavior of spruce wood in axial compression[J]. Journal of Materials Science Letters, 2001, 20(23): 2161-2162.

[6] Widehammar S. Stress-strain relationships for spruce wood: Influence of strain rate, moisture content and loading direction[J]. Experimental Mechanics, 2004, 44(1): 44-48.

[7] Yildiz S, Gezer E D. Mechanical and chemical behavior of spruce wood modified by heat[J]. Building and Environment, 2006, 41(12): 1762-1766.

[8] Gindl W, Gupta H S, SchoBerl T, et al. Mechanical properties of spruce wood cell walls by nanoindentation[J]. Applied Physics A, 2004, 79(8): 2069-2073

[9] Orso S, Wegst U G K, Arzt E. The elastic modulus of spruce wood cell wall material measured by an in situ bending technique[J]. Journal of Materials Science, 2006, 41(16): 5122-5126.

[10] Gong M, Smith I. Effect of load type on failure mechanisms of spruce in compression parallel to grain[J]. Wood Science and Technology, 2004, 37(5): 435-445.

[11] Trtik P, Dual J, Keunecke D, et al. 3D imaging of microstructure of spruce wood[J]. Journal of Structural Biology, 2007, 159: 46-55.

[12] 窦金龙, 汪旭光, 刘云川, 等. 干、湿木材的动态力学性能及破坏机制研究[J]. 固体力学学报, 2008, 29(4): 348-353.

[13] 钟卫洲, 宋顺成, 黄西成, 等. 三种方向加载下云杉静动态力学性能研究[J]. 力学学报, 2011, 43(6): 1141-1150.

[14] Miltz J, Gruenbaum G. Evaluation of cushion properties of plastic foams compressive measurements[J]. Polymer Engineering and Science, 1981, 21(15): 1010-1014.

[15] 余同希, 卢国兴. 材料与结构的能量吸收[M]. 北京: 化学工业出版社, 2006.

第 3 章　中应变率加载下云杉力学行为研究

云杉作为比强度(强度与密度之比)较高的木材种类，其纤维长、纹理直、质地软，具有良好的韧性恢复弹性，能够承受突加的荷载，压缩平台值可保持到 60%变形，且干燥后尺寸稳定，不易翘曲或扭曲，已被广泛地应用于欧美国家抗事故包装箱缓冲结构设计[1-3]。目前针对云杉宏细观力学性能和胞元结构方面的研究工作主要基于使用目的和应用环境条件开展，在工业产品和民用建筑领域，相关研究工作侧重于木材准静态力学性能、抗弯性能、耐久性和温、湿度环境下力学行为变化方面，通过实验测试获取木材的基本力学性能参数和环境适应能力[4-6]；而在包装结构设计中则主要关心云杉在中高应变率下冲击性能、能量耗散特性和阻燃隔热能力，研究木材沿空间不同方向加载下的各向异性特性和应变率敏感性[7, 8]。

近年来，国内外研究者为了认识云杉宏观力学性能与微观组织成分、结构排列的关系，采用宏观力学性能实验测试与微观结构显微观察相结合的方法对顺纹、横纹径(弦)向静态力学行为进行了大量研究：Gindl[9]研究了云杉材料中木质素成分对其顺纹压缩性能的影响，发现木质素成分的降低将会导致压缩强度和弹性模量的减小。Sibel 等[10]通过实验发现，经历不同温度和时间烘烤后云杉纤维性能发生退化，其顺纹方向压缩强度随温度和烘烤时间的增加而降低。Gong 和 Smith[11]通过实验研究了静态、蠕变和疲劳三种不同加载方式对云杉顺纹压缩失效机制的影响。Gindl 和 Teischiger[12]研究了云杉顺纹压缩强度、杨氏模量与纤维素方向、木质素含量的关系。Sonderegger 和 Niemz[13]通过实验获得了云杉在弯曲、冲击弯曲和拉伸作用下的破坏强度，并对木材早期无损探测方法进行了研究。同时还有很多学者[14-17]针对木材微观结构、含水率对顺纹方向宏观力学性能、失效模式的影响开展了研究工作。

云杉作为多孔胞元结构，其微观组织成分和排列模式导致宏观动态力学性能与加载速率相关，因此掌握云杉动态力学行为是材料结构冲击安全评估、工程分析的前提条件。目前 Hopkinson 杆实验装置被广泛地应用于金属/非金属材料动态力学性能研究[18-21]，一些研究者采用 Hopkinson 杆实验技术开展了木材应变率为 10^3/s 量级动态力学行为测试研究：如 Widehammar[22]利用截面为矩形的镁材 Hopkinson 杆装置对不同含水率的正方体云杉试件进行冲击加载实验，获得了不同应变率下材料的破坏情况。钟卫洲等[23]采用铝质 Hopkinson 杆对云杉木材试件沿顺纹、横纹径向和横纹弦向进行了动态压缩实验，在应变率为 5×10^2/s～1×10^3/s 内，研究了顺纹、横纹径向和横纹弦向压缩屈服强度的应变率敏感性。Vural 和 Ravichandran[24]采用圆截面 Hopkinson 杆研究了胞体轻木的动态响应，应变率达 3×10^3/s，发现初始失效应力与应变率相关，平台应力不受应变率影响。窦金龙等[25]采用圆截面 Hopkinson 杆系统研究含水率对木材顺纹、横纹径向和横纹弦向动态力学性能的影响。

已有公开文献研究表明，目前针对云杉细观结构、准静态和 10^3/s 量级高应变率下力学性能已开展了大量工作，但中等应变率在 10^0/s～10^2/s 内，沿空间不同方向对木材力学性能研究尚未见报道。木材包装结构在意外环境中可能会面临不同速度、不同方向冲击作用，因此认识云杉在中等应变率条件下沿空间不同方向的力学性能对工程结构应用和有效性评估具有重要的应用意义。

3.1　试件制作

木材微结构主要由众多木质纤维按一定的分布规律排列构成，其结构布局特点导致力学性能分布具有正交各向异性，为了实现对圆柱木材试件不同方向的加载实验，可采取对试件取材方向的改变来实现，使试件轴线方向与预定加载方向一致，试件截取如图 3-1 所示。

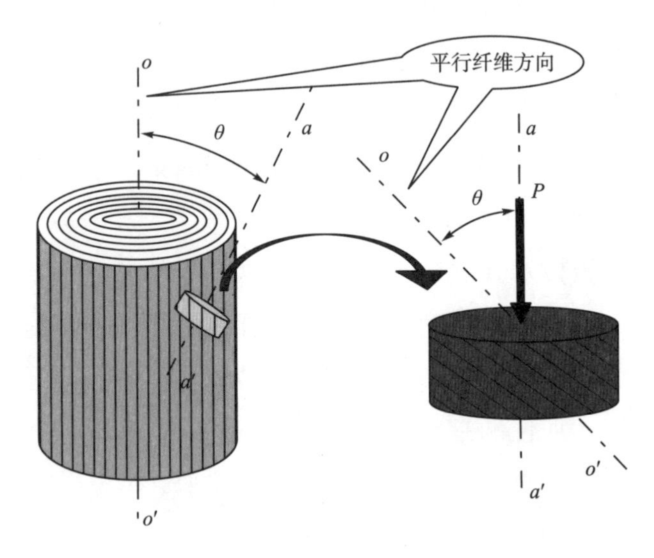

图 3-1 木材取材方向示意图

对于在径切面、弦切面内沿不同方向的加载情况，试件的截取主要通过在相应切面内调整试件轴线与顺纹方向的夹角来实现，如图 3-1 所示。本章为了研究云杉径(弦)切面内与顺纹呈 15°、30°、45°、60° 和 75° 夹角方向力学性能，分别在径切面和弦切面内按与顺纹呈相应夹角作为圆柱试件轴线进行取材加工。径切面指顺着树干长轴方向，通过髓心与木射线平行或与年轮垂直的纵切面；弦切面指顺着树干主轴或木材纹理方向，不通过髓心与年轮平行或木射线呈垂直的纵切面。实验中选取的试件尺寸为 Φ40mm×30mm，为了保证试件测试结果的合理性，试件取材均在髓心以外进行，远离树材明显瑕疵部位，并通过机械加工确保试件各表面平整。

3.2　中应变率压缩实验

3.2.1　高速材料实验机

采用高速加载 INSTRON(英斯特朗)材料实验机对云杉开展中应变率(10^0/s～10^2/s)压缩实验，实验机最高加载速度为 25m/s，最大动态载荷可达 100kN，如图 3-2 所示。实验中为了避免高速运动加载头产生的载荷对仪器设备造成破坏，通常在加载头上部安装保护销实现对设备的保护作用，当载荷超过保护销极限强度时，保护销将发生破坏，以此确保仪器关键部件工作状态处于弹性变形范围内。针对动态压缩实验中试件失去承载能力的情况，在实验加载的两端各布置一定厚度的减振装置，避免高速运动的加载头与支撑平台发生直接高速碰撞。因此通过设计合理的试件结构尺寸，采用高速加载 INSTRON 实验机可实现对材料的恒加载速率力学性能测试[26]。

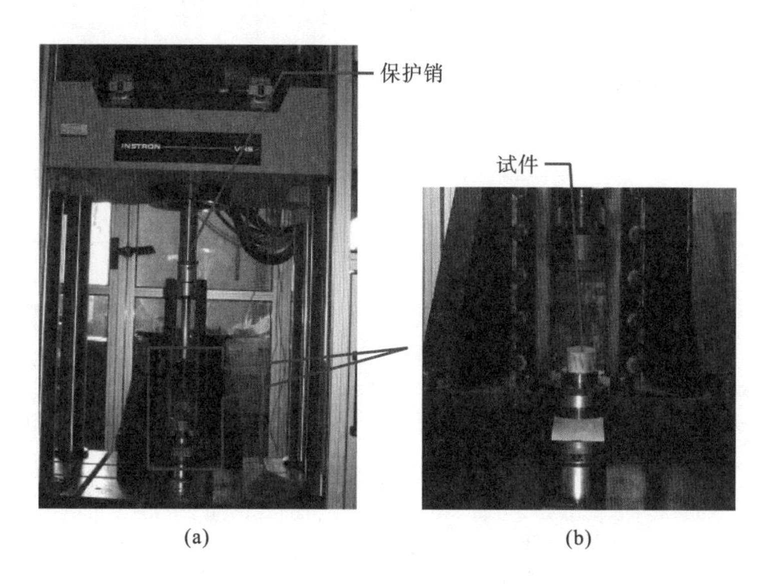

图 3-2　INSTRON 高速材料实验机

3.2.2 实验测试结果

分别采用 0.2m/s、5m/s、7.5m/s 和 10m/s 四种加载速度对云杉试件沿顺纹、横纹径(弦)向，以及径(弦)切面面内与顺纹呈 15°、30°、45°、60° 和 75° 夹角方向开展动态压缩实验，四种加载速度对应应变率分别为 $6s^{-1}$、$150s^{-1}$、$225s^{-1}$ 和 $300s^{-1}$。实验测试云杉材料在 $10^0/s\sim3\times10^2/s$ 内的力学性能应变率敏感性和各向异性，测试分析得到的应力-应变曲线如图 3-3 所示，图 3-3 中径(弦)切面内 θ 表示在径(弦)切面内载荷方向与顺纹方向夹角。

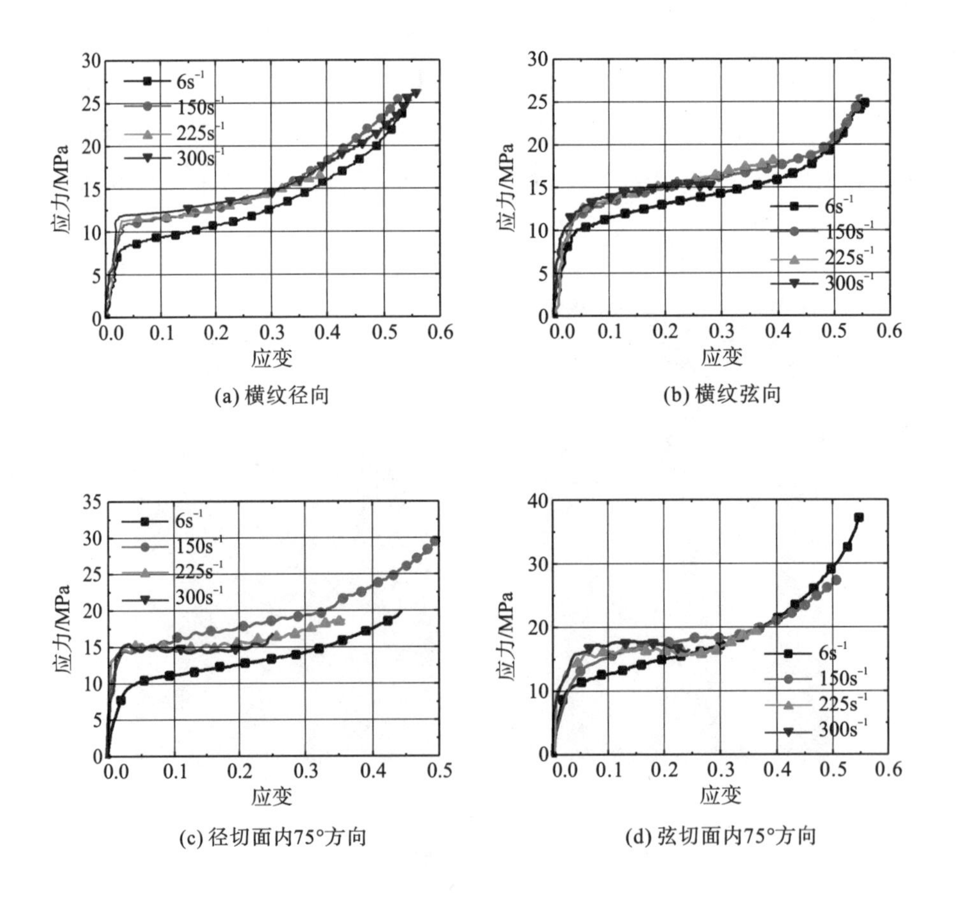

(a) 横纹径向　(b) 横纹弦向

(c) 径切面内75°方向　(d) 弦切面内75°方向

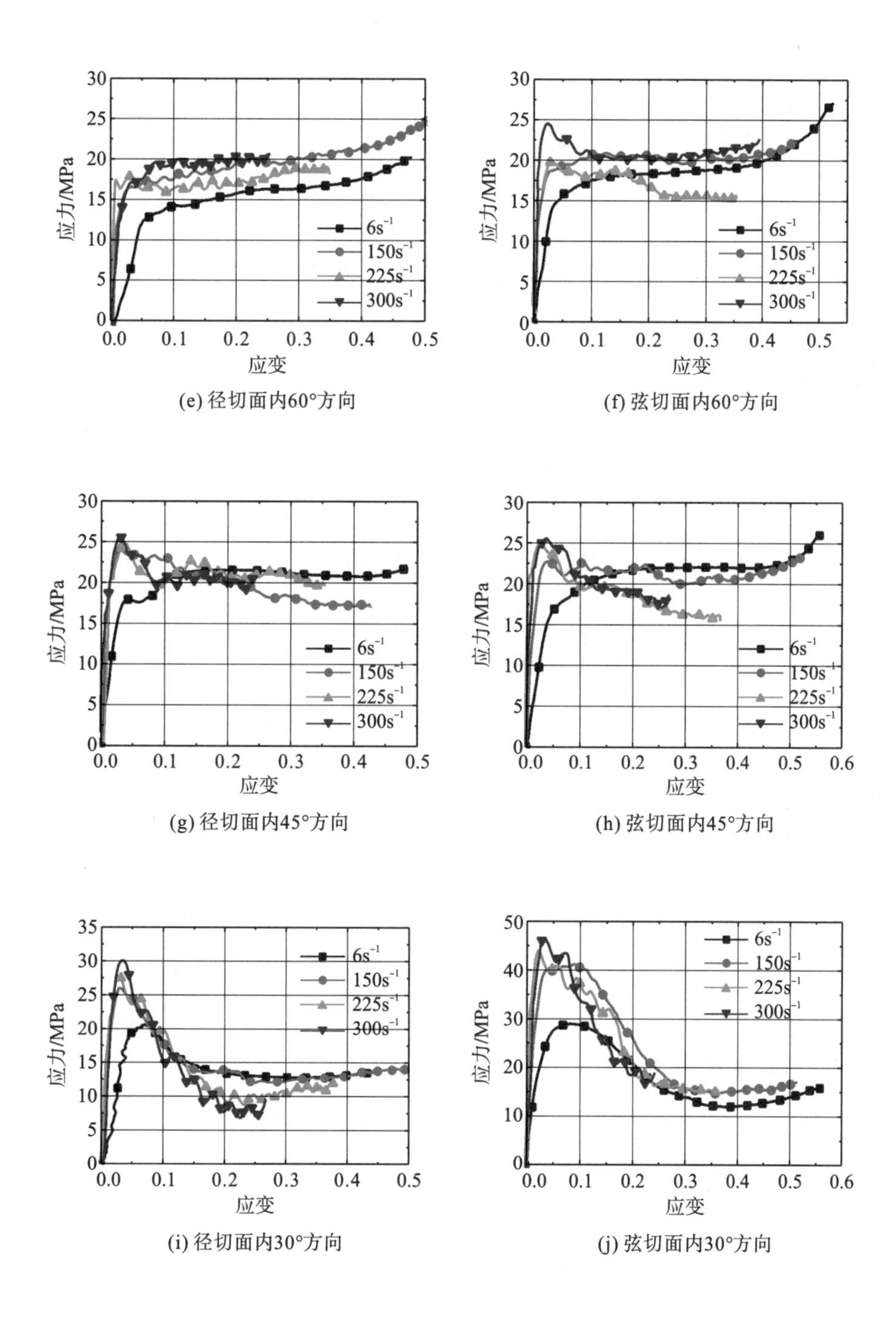

(e) 径切面内60°方向

(f) 弦切面内60°方向

(g) 径切面内45°方向

(h) 弦切面内45°方向

(i) 径切面内30°方向

(j) 弦切面内30°方向

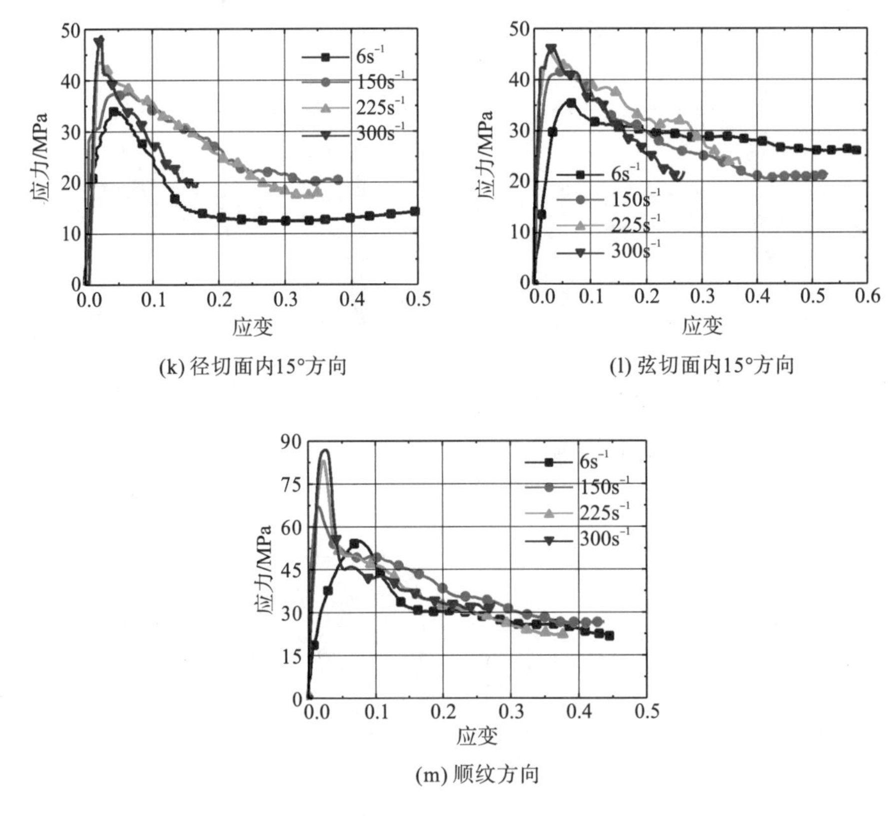

图 3-3　几种应变率下云杉不同方向加载应力-应变曲线图

从图 3-3 可以看出，沿着不同加载方向云杉应力-应变曲线均表现出应变率敏感性效应，材料初始屈服应力随应变率的增加而增加，而同一加载方向下材料流动应力(平台应力)受应变率影响相对较小；同时云杉力学性能具有很强的各向异性，随着加载方向的改变而变化；而且不同方向加载云杉塑性变形阶段均呈现出较长的平台应力区，即应力在不剧烈增长条件下产生大变形吸能，具备优良吸能材料的基本特性。通过对比不同方向加载获得的实验曲线，可以发现云杉沿顺纹方向压缩强度最高[图 3-3(m)]，横纹径(弦)向强度较小[图 3-3(a)和(b)]，在相同应变率下，顺纹方向压缩强度约为横纹方向的 6 倍，表明木材纤维生长方向具有相对较强的承载能力。当载荷方向与顺纹方向夹角大于或等于 60° 时，应力-应变曲线由弹性段到平台应力区没有明显的应力快速下降过程，材料进入塑性段后应力便维持在一定范围内[图3-3(a)～(f)]；而当载荷方向与顺纹方向夹角小于或等于 45° 时，应力-应变曲线表现为由较高强度快速下降到一定值，然后进入到一段较长平台应力区[图3-3(g)～(m)]。

不同方向、应变率压缩后的试件破坏情况表明，云杉材料表观破坏模式与加载方向相关，同种方向加载下材料破坏模式与应变率无关。图3-4为不同方向压缩云杉试件破坏图，可以看出当载荷方向偏向顺纹方向时，云杉试件中部位置向外膨胀、发生褶皱，纤维被压折断裂，试件产生屈曲破坏和沿试件纤维方向产生劈裂，见图3-4中载荷方向与顺纹方向夹角小于或等于 15° 情况。当载荷靠近横纹径(弦)向时，木材纤维产生滑移、分层和拉伸撕裂，试件圆端面最终似椭圆状，见图 3-4 中载荷方向与顺纹方向夹角大于或等于 30° 情况。试件沿不同方向压缩失效模式的差异导致图3-3中应力-应变曲线形状随加载方向发生变化。当载荷方向靠近顺纹时，载荷主要分量与木材纤维轴向一致，在压缩过程中木材纤维发生屈曲折断时，载荷产生突降行为，在应力-应变曲线上表现为初始屈服与平台应力间的快速下降段；而当载荷靠近横纹径(弦)向时载荷主要分量与纤维垂直，由于木材细观组织为胞元结构，众多云杉胞元体在侧向压缩作用下被循序压溃，变形

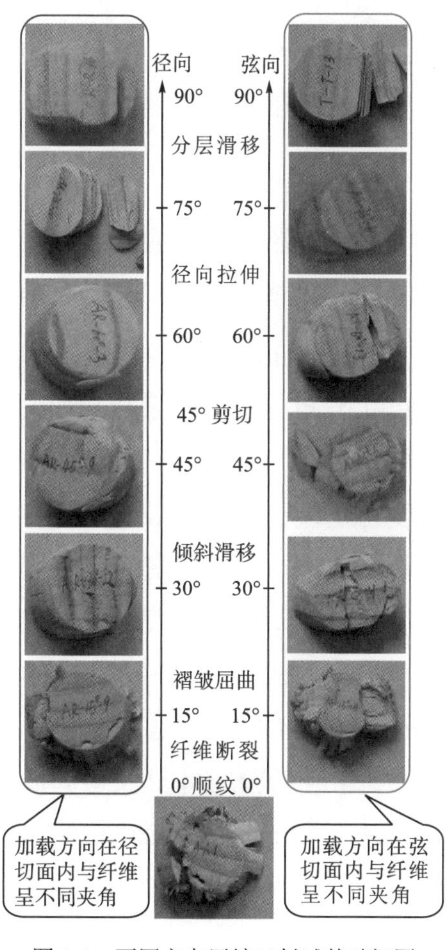

图3-4　不同方向压缩云杉试件破坏图

破坏为渐进稳态过程，造成材料力学性能曲线由弹性段到平台应力区平稳过渡，没有顺纹加载情况中的应力突降现象。

3.3 各向异性特性与应变率效应分析

3.3.1 各向异性特性

从上述实验测试获得的云杉沿不同方向应力-应变曲线可以看出，压缩力学性能具有明显的各向异性，当加载方向由顺纹向横纹径(弦)向变化时，其强度不断下降。对于木材沿偏离材料轴方向的单轴压缩强度计算，基于材料顺纹和横纹方向压缩强度，Hankinson[7]提出经验公式，预测与顺纹呈一定夹角方向的压缩强度。具体公式如下：

$$Y_\theta = \frac{Y_a Y_b}{Y_a \sin^2\theta + Y_b \cos^2\theta} \tag{3-1}$$

式中，Y_θ 为径(弦)切面内与顺纹夹角 θ 方向的压缩强度；Y_a 为顺纹压缩强度；Y_b 为横纹径(弦)向压缩强度。

结合 Hankinson 经验公式和实验测试结果，分别在径切面和弦切面内建立不同应变率下云杉屈服强度与加载方向关系曲线，如图 3-5 所示。在图 3-5 中，0° 对应的屈服强度为顺纹方向屈服强度，90° 对应的屈服强度为横纹径(弦)向屈服强度。结果表明径切面和弦切面计算获得的曲线基本相似，不同应变率下屈服强度均随加载方向的增大而减小，随着角度的增加，屈服强度下降速度减缓，形状似椭圆弧。从图 3-5 可以看出，实验测试结果与 Hankinson 经验公式拟合曲线趋势基本一致，由于 Hankinson 经验公式是基于准静态实验数据提出的，因此当应变率较低时，利用经验公式计算获得的曲线与实测数据吻合得更好，而对于加载方向角度小于或等于 30° 高应变率加载情况，采用 Hankinson 公式预测获得的力学性能值误差相对偏大。

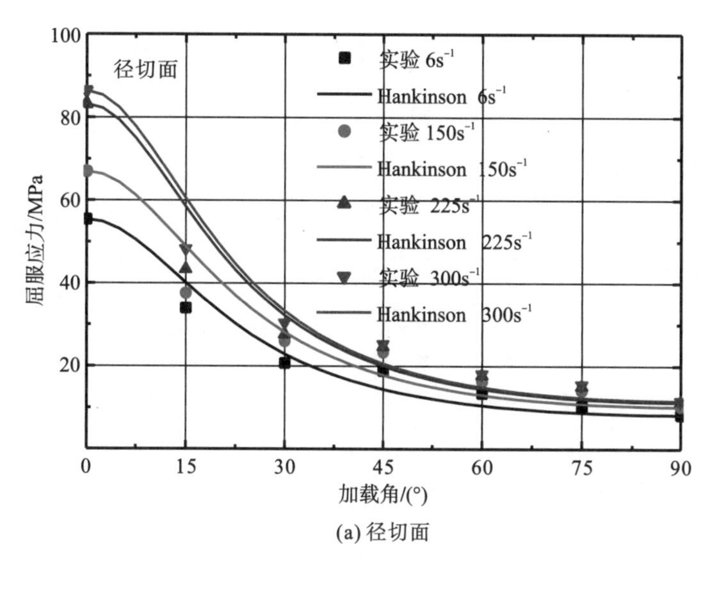

(a) 径切面

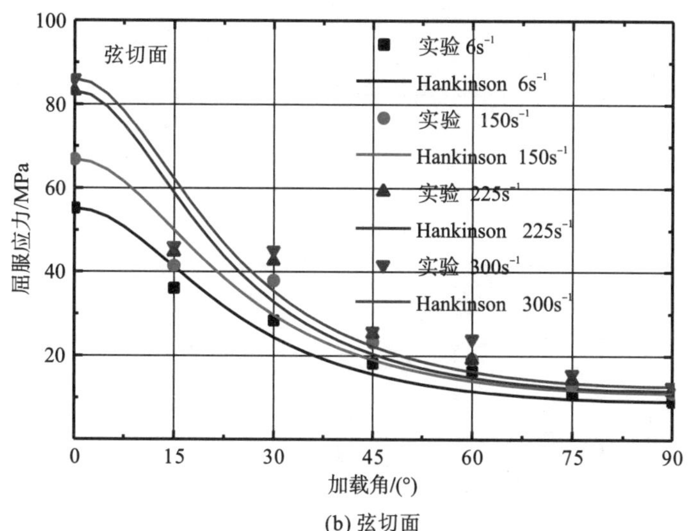

(b) 弦切面

图 3-5 不同应变率下云杉屈服强度与加载方向关系

3.3.2 应变率效应

从以上实验结果可以看出，在中等应变率 10^0/s～3×10^2/s 内，云杉沿不同方向加载均具有较强的应变率敏感性，与准静态压缩实验和更高应变率下 Hopkinson 测试中表现出的应变率敏感性一致[23]。不同方向云杉压缩屈服强度与应变率的关系如图 3-6 所示。从图 3-6 可以看出，在 10^0/s～3×10^2/s 应变率范围内，材料屈服强度与应变率呈近似线性增长模式，材料初始屈服强度随应变率的增加而增大。

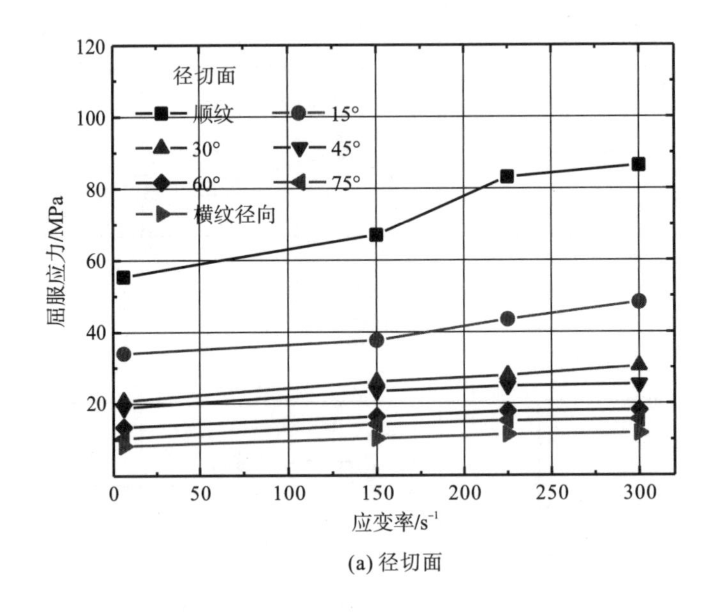

(a) 径切面

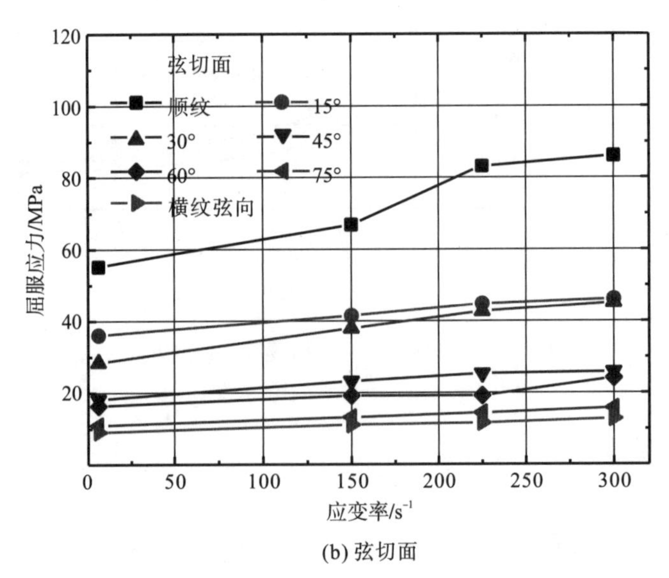

(b) 弦切面

图 3-6 不同方向云杉压缩屈服强度与应变率关系

3.4 空间屈服面

依据测试获得的材料屈服强度值，上述实验对云杉径切面和弦切面不同方向压缩性能进行了速度冲击测试。按照不同方向加载的应力矢量关系，通过式(3-2)计算屈服强度在顺纹和径(弦)向的矢量分量，建立云杉不同方向屈服值在径(弦)切面内的分布图。

$$\begin{aligned}\sigma_{\mathrm{a}} &= Y_\theta \cos\theta \\ \sigma_{\mathrm{r,t}} &= Y_\theta \sin\theta\end{aligned} \tag{3-2}$$

式中，Y_θ 为径(弦)切面内与顺纹夹角 θ 方向的压缩屈服强度；σ_{a} 为 Y_θ 在顺纹方向的矢量分量；$\sigma_{\mathrm{r,t}}$ 为 Y_θ 在横纹径(弦)向方向的矢量分量。

依据式(3-2)计算获得的屈服点分布及相应的拟合曲线如图 3-7 所示。从图 3-7 可以看出，径(弦)切面内材料屈服线似 1/4 椭圆弧状，随着应变率增加建立的椭圆弧状屈服线逐渐扩大。由于云杉顺纹强度远高于横纹强度，因此椭圆弧状长轴沿着顺纹轴方向，且其长度远大于径(弦)向的椭圆短轴长度。由于木材沿横纹径向与弦向方向的差异不大，图 3-7(a)和(b)中拟合获得的曲线形状基本相似，对于要求不高的情况可采用横观各向同性本构模型对木材性能进行简化描述。

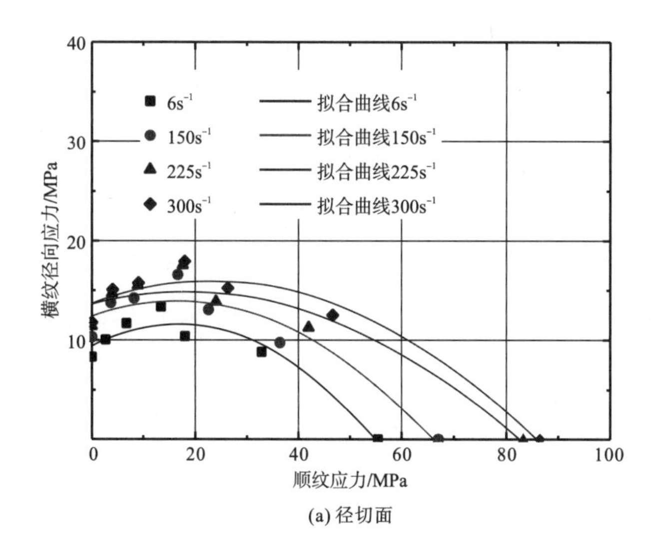

(a) 径切面

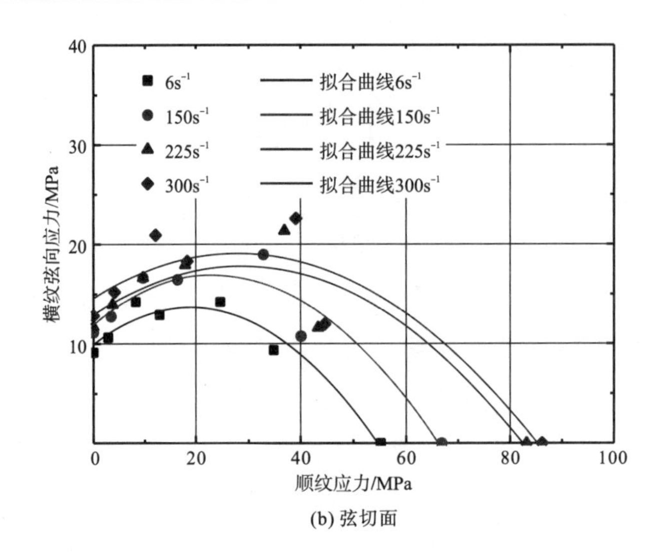

(b) 弦切面

图 3-7 屈服点分布及相应的拟合曲线

针对各向异性复合材料屈服强度准则问题，Hill 通过对各向同性材料 Von-Mises 屈服准则进行推广，分别基于三个正应力和剪应力参量，引入相关的材料参数，提出描述各向异性材料的屈服准则，表达式为[27]

$$\begin{aligned}&(G+H)\sigma_1^2+(F+H)\sigma_2^2+(F+G)\sigma_3^2-2H\sigma_1\sigma_2-2G\sigma_1\sigma_3\\&-2F\sigma_2\sigma_3+2L\tau_{23}^2+2M\tau_{31}^2+2N\tau_{12}^2=1\end{aligned} \tag{3-3}$$

借鉴 Hill 提出的各向异性材料强度准则，忽略剪应力对材料初始屈服强度的影响，假设木材主应力方向分别与顺纹、横纹径向和横纹弦向一致，利用简化后的 Hill 屈服强度准则对云杉木材空间屈服面的描述，简化后的强度准则为

$$(G+H)\sigma_\text{a}^2+(F+H)\sigma_\text{r}^2+(F+G)\sigma_\text{t}^2-2H\sigma_\text{a}\sigma_\text{r}-2G\sigma_\text{a}\sigma_\text{t}-2F\sigma_\text{r}\sigma_\text{t}=1 \tag{3-4}$$

式中，σ_a、σ_r和σ_t分别为木材顺纹、横纹径向和横纹弦向的应力，将准静态[23]和中等应变率下测试获得的云杉沿顺纹、横纹径向和横纹弦向的屈服强度分别代入式(3-4)，可以建立三个方程，求解出三个未知参数 F、G 和 H，计算获得的不同应变率下的参数值如表 3-1 所示。

表 3-1　F、G 和 H 参数表

应变率	F	G	H
Static[23]	0.051070	0.000583	0.000116
$6s^{-1}$	0.013109	0.001392	−0.001066
$150s^{-1}$	0.008605	0.000784	−0.000561
$225s^{-1}$	0.007440	0.000254	−0.000110
$300s^{-1}$	0.006596	0.000646	−0.000512

虽然木材为拉压异性材料，但考虑到理论分析的方便性，本书忽略拉压异性材料特性的影响，采用压缩屈服强度实验测试值和式(3-4)对不同应变率下云杉空间屈服面进行绘制，建立的屈服面虽不能准确地描述木材拉伸破坏行为，但可以定性认识不同应变率下云杉在顺纹、横纹径向和横纹弦向坐标下的空间屈服行为。根据表 3-1 和式(3-4)绘制得到的不同应变率下的空间屈服面和“π”平面投影如图 3-8(a)～(e)所示。“π”平面为主应力空间内通过坐标原点且以三个主应力相等的等倾线为外法线的平面，其平面方程为$\sigma_1+\sigma_2+\sigma_3=0$。图 3-8 中左侧为空间屈服面，右侧为“π”平面投影视图。从图 3-8 可以看出，由于云杉顺纹强度远高于横纹径(弦)向强度，在不同应变率下的空间屈服面为椭圆柱面，其尺寸随着应变率的增加而增大；“π”平面上椭圆环为屈服面三维空间视图，其内径为屈服面的投影。

将云杉屈服面与图 3-8(f)各向同性材料典型的 Von-Mises 准则圆柱屈服面和“π”平面投影圆进行比较，可以发现云杉沿不同方向材料性能的差异性导致了屈服面形状的变化，而应变率效应则影响着其椭圆柱屈服面长、短轴长度的改变。若同时考虑到木材各向异性和拉压异性特点，其屈服面在压缩和拉伸状态下具有不同力学行为，形成空间屈服面则不再为规则椭圆柱面，屈服面尺寸也将随着压缩/拉伸应力状态的变化而改变。

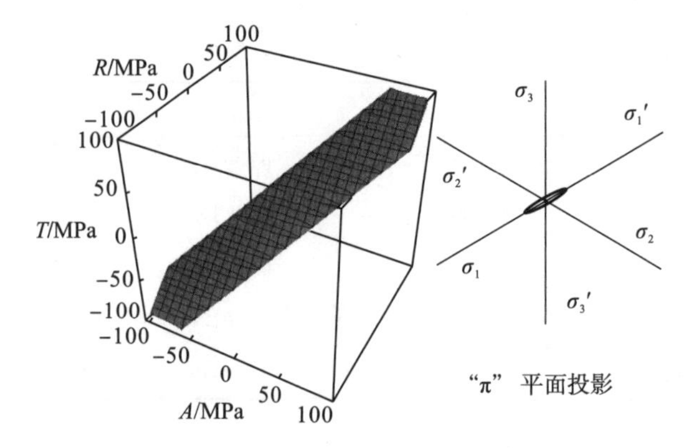

(a) 准静态压缩

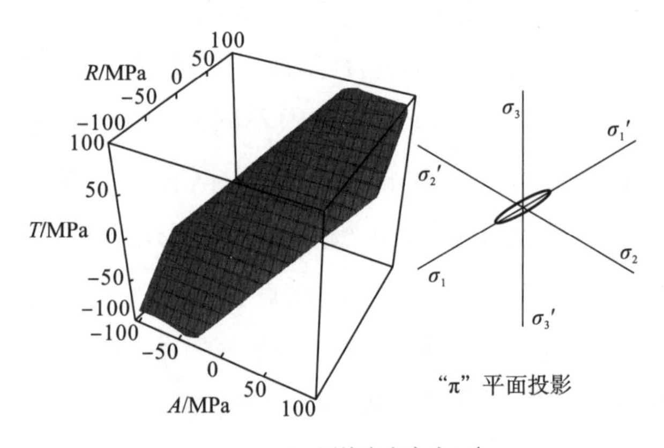

(b) 压缩应变率为$6s^{-1}$

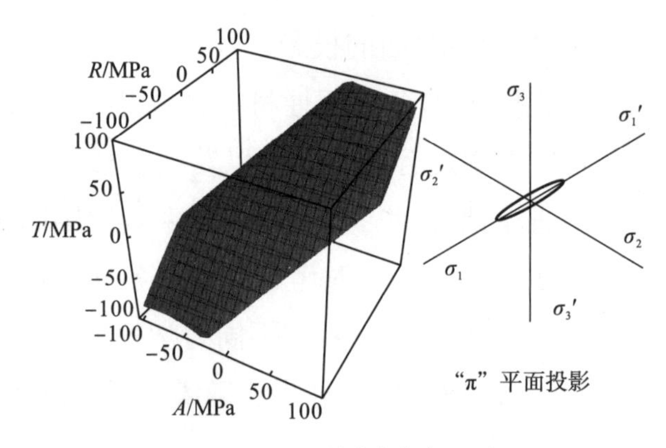

(c) 压缩应变率为$150s^{-1}$

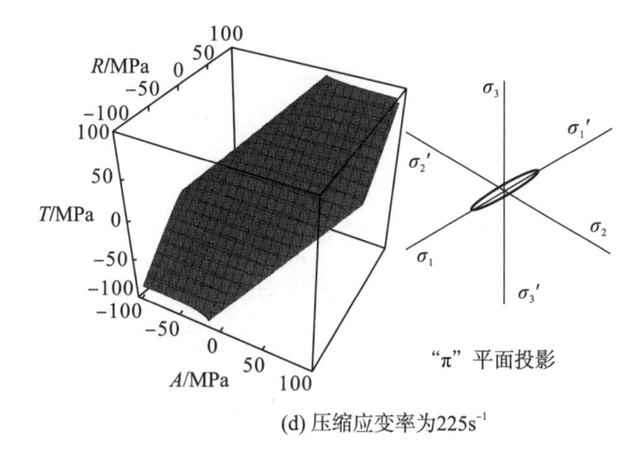

(d) 压缩应变率为225s^{-1}

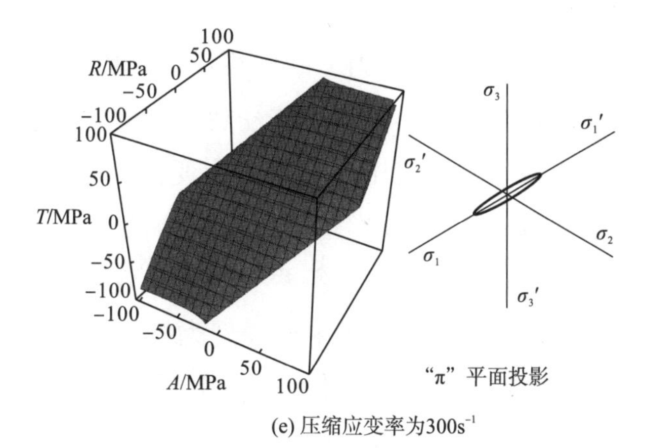

(e) 压缩应变率为300s^{-1}

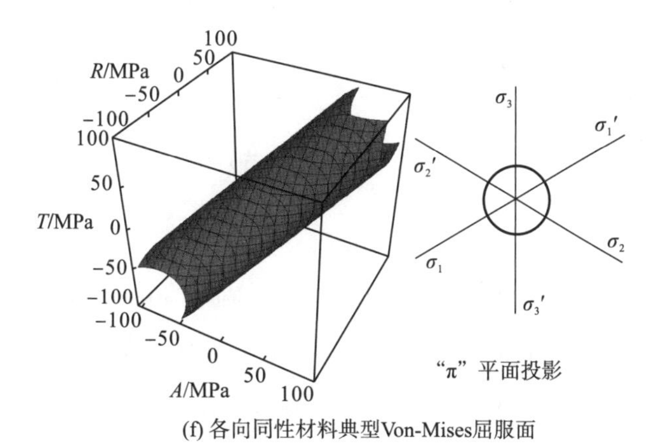

(f) 各向同性材料典型Von-Mises屈服面

图 3-8　不同加载条件下云杉压缩屈服面比较图

3.5 本章小结

本章利用高速 INSTRON 实验机对云杉木材开展了冲击压缩实验，研究了材料在 10^0/s～3×10^2/s 内的应变率敏感性和各向异性行为，分析了径切面和弦切面内材料力学性能随加载方向的变化规律，并利用简化 Hill 屈服准则建立了云杉不同应变率下的空间屈服面。通过相关实验和简化理论分析，发现在中低应变率（10^0/s～3×10^2/s）加载中，云杉材料初始屈服应力表现出较强应变率敏感性效应，但相同加载方向下材料应力-应变曲线塑性流动“平台应力”随应变率的影响相对较小。云杉压缩屈服强度随着加载方向由顺纹向横纹径（弦）向变化且逐渐减小，材料变形由顺纹压缩非稳态向横纹压缩稳态变形变化，应力-应变曲线体现为由“塑性软化”向“塑性硬化”转变。不同方向加载下云杉宏观破坏模式主要体现为褶皱屈曲和滑移歪斜两类主要失效模式，当加载方向与顺纹夹角小于或等于 30° 时，材料主要表现为纤维屈曲、褶皱；当加载方向与顺纹夹角大于或等于 45° 时，材料主要表现为纤维层间滑移分层。通过简化 Hill 强度理论建立的云杉空间屈服面为椭圆柱面，“π”平面投影为椭圆形。材料力学行为各向异性决定了空间屈服面形状，而应变率效应则影响椭圆柱屈服面尺寸的改变。

参考文献

[1] Neumann M, Herter J, Droste B O, et al. Compressive behaviour of axially loaded spruce wood under large deformations at different strain rates[J]. European Journal of Wood and Wood Products, 2011, 69(3): 345-357.

[2] Berry R E, Hill T K, Joseph W W, et al. Accident Resistant Container: Materials and Structures Evaluation[R]. SAND-74-00100, 1974.

[3] Spencer M P. H1626 Insert Kit Design and Fabrication for the H1501B Transportation Accident Resistant

Container(TARC) [R]. SAND94-8250, 1994.

[4] 窦金龙, 汪旭光, 刘云川. 杨木的动态力学性能[J]. 爆炸与冲击, 2008, 28(4): 367-371.

[5] Orso S, Wegst U G K, Arzt E. The elastic modulus of spruce wood cell wall material measured by an in situ bending technique[J]. Journal of Materials Science, 2006, 41(16): 5122-5126.

[6] Renaud M, Rueff M, Rocaboy A C. Mechanical behaviour of saturated wood compression[J]. Wood Science and Technology, 1996, 30: 153-164.

[7] Hankinson R L. Investigation of crushing strength of spruce at varying angles of grain[J]. Air Service Information Circular, 1921, 259(3): 130.

[8] Zhong W Z, Song S C, Xie R Z, et al. Numerical simulation on dynamic cushion properties of spruce wood in three kinds of impact directions[J]. Applied Mechanics and Materials, 2011, (44-47): 2321-2325.

[9] Gindl W. The effect of lignin on the moisture-dependent behavior of spruce wood in axial compression[J]. Journal of Materials Science Letters, 2001, 20(23): 2161-2162.

[10] Yildiz S, Gezer E D. Mechanical and chemical behavior of spruce wood modified by heat[J]. Building and Environment, 2006, 41(12): 1762-1766.

[11] Gong M, Smith I. Effect of load type on failure mechanisms of spruce in compression parallel to grain[J]. Wood Science and Technology, 2004, 37 (5): 435-445.

[12] Gindl W, Teischinger A. Axial compression strength of Norway spruce related to structural variability and lignin content[J]. Composites Part A: Applied Science and Manufacturing, 2002, 33(1): 1623-1628.

[13] Sonderegger W, Niemz P. The influence of compression failure on the bending, impact bending and tensile strength of spruce wood and the evaluation of non-destructive methods for early detection[J]. Holz als Roh-und, 2004, 62(5): 335-342.

[14] Vasic S, Smith I. Bridging crack model for fracture of spruce[J]. Engineering Fracture Mechanics, 2002, 69(6): 745-760.

[15] Trtik P, Dual J, Keunecke D, et al. 3D imaging of microstructure of spruce wood[J]. Journal of Structural Biology, 2007, 159 (1): 46-55.

[16] 谢启芳, 赵鸿铁, 薛建阳, 等. CFRP 布加固木梁界面粘结应力的试验研究和理论分析[J]. 工程力学, 2008, 25(7): 229-234.

[17] Tabier A, Jin W. Three-dimensional nonlinear orthotropic finite element material model for wood[J]. Composite

Structures, 2000, 50(2): 143-149.

[18] 胡时胜. Hopkinson压杆实验技术的应用进展[J]. 实验力学, 2005, 20(4): 589-594.

[19] 李玉龙, 郭伟国, 徐绯, 等. Hopkinson压杆技术的推广应用[J]. 爆炸与冲击, 2006, 26(5): 385-394.

[20] 卢芳云, Chen W, Frew D J. 软材料的SHPB实验设计[J]. 爆炸与冲击, 2002, 21(1): 15-19.

[21] 倪敏, 苟小平, 王启智. 霍普金森杆冲击压缩单裂纹圆孔板的岩石动态断裂韧度试验方法[J]. 工程力学, 2013, 30(1): 365-372.

[22] Widehammar S. Stress-strain relationships for spruce wood: Influence of strain rate, moisture content and loading direction[J]. Experimental Mechanics, 2004, 44(1): 44-48.

[23] 钟卫洲, 宋顺成, 黄西成, 等. 三种方向加载下云杉静动态力学性能研究[J]. 力学学报, 2011, 43(6): 1141-1150.

[24] Vural M, Ravichandran G. Dynamic response and energy dissipation characteristics of balsa wood: Experiment and analysis[J]. International Journal of Solids and Structures, 2003, 40(9): 2147-2170.

[25] 窦金龙, 汪旭光, 刘云川, 等. 干、湿木材的动态力学性能及破坏机制研究[J]. 固体力学学报, 2008, 29(4): 348-353.

[26] 钟卫洲, 邓志方, 黄西成, 等. 中应变率加载下云杉各向异性力学行为研究[J]. 工程力学, 2016, 33(5): 25-33.

[27] Borst D R, Feenstra P H. Studies in anisotropic plasticity with reference to the Hill criterion[J]. International Journal for Numerical Methods in Engineering, 1990, 29(2): 315-336.

第 4 章　高应变率加载下木质材料力学行为实验测试

木材作为多孔胞元结构，其微观组织成分和排列模式导致宏观动态力学性能与加载速率相关，具有应变率相关性。材料准静态加载可采用传统 INSTRON（英斯特朗）、MTS（美特斯）等材料实验机实现，中等应变率（10^0/s～10^2/s）加载实验目前可以通过落锤和快速拉压 INSTRON（10m/s）设备完成。对于金属材料动态力学行为（10^3/s 量级）的测试，通常采用高强钢霍普金森压（拉、扭）杆实验装置来实现，国内外学者[1-6]针对霍普金森杆实验技术和材料性能测试开展了很多工作。对于木材类多孔胞元“软”材料的动态力学性能测试问题，一般采用大截面试件尺寸保证测试结果的有效性，同时选取低阻抗轻质金属（如铝、镁）霍普金森杆系统减小杆材与试件间的波阻抗不匹配现象[7-13]。

针对木材动态力学行为，目前国内外研究者采用上述方法对应变率为 10^3/s 量级力学性能进行了一些实验测试研究：如 Widehammar[14]利用截面为矩形的镁材霍普金森压杆装置对不同含水率的正方体云杉试件进行冲击加载实验，获得了不同应变率下材料的破坏情况。Vural 等[15]采用圆截面霍普金森杆研究了胞体轻木的动态响应，应变率达 3×10^3/s，发现初始失效应力与应变率相关，平台应力不受应变率影响。窦金龙等[16]采用圆截面霍普金森压杆系统研究含水率对木材顺纹、横纹径向和横纹弦向动态力学性能的影响。

本章采用 Hopkinson 杆（split hopkinson pressure bar，SHPB）实验设备对云杉、水杉、毛白杨和中纤板、刨花板开展 10^3/s 高应变率实验测试，分析材料动态力学行为各向异性特征和应变率效应。

4.1 动态压缩实验原理

SHPB 实验装置原理图如图 4-1 所示，实验中子弹以一定速度撞击输入杆，在输入杆内产生一个入射脉冲 ε_i，当入射脉冲传播至输入杆与试件接触端面时，一部分脉冲被反射回输入杆中，形成反射脉冲 ε_r，另一部分脉冲传入试件内部，该部分脉冲在试件与输出杆接触界面部分被反射，另一部分将在输出杆中形成透射脉冲 ε_t，入射脉冲和反射脉冲信号由输入杆上应变片记录测得，透射脉冲信号由输出杆上的应变片记录。

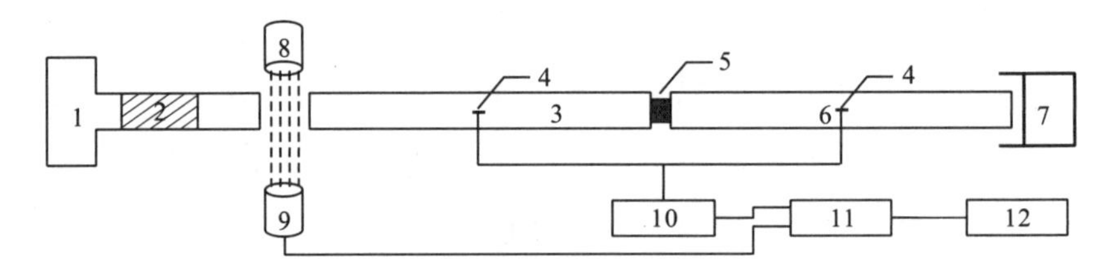

图 4-1 SHPB 实验装置原理图

1-发射器；2-子弹；3-输入杆；4-应变片；5-试样；6-输出杆；7-回收箱；
8-激光器；9-测速装置；10-应变仪；11-示波器；12-计算机

霍普金森测试原理基于一维应力和均匀性假设，传统的霍普金森实验一般通过小直径(Φ＜30mm)高强度钢杆对均匀金属材料动态力学性能进行测试，其一维应力和均匀性假设容易满足；而对于多孔结构木材、泡沫铝以及由“较大”卵石构成的混凝土等材料的动态力学性能测试，小尺寸试件难以较好地对其宏观力学行为进行有效描述，需考虑尺寸效应对测试结果的影响。考虑到木材由纤维胞元结构组成，试样尺寸要大于管胞孔径的 10 倍时才能获得有效的力学性能。同时考虑到木材质地软、波阻抗低，为了减小波导杆与木材试件间的阻抗匹配问题，实验中采用密度相对较低的铝质霍普金森杆，以此减小与木材试件的阻抗差异；同时考虑到低波阻抗木材输出杆信号较弱，采用普通金属应变片进行测试获得的信噪比较低，因此实验中对输出杆信号采用半导体应变片进行测试，对于应变信号较高的输入杆仍采用普通金属应变片进行测试。

实验中试件在应力脉冲作用下发生变形，通过输入杆和输出杆上采集得到的应力波信号，结合一维应力和均匀性假定，则可确定试件材料在应力波作用下的应变率 $\dot{\varepsilon}_s(t)$、应变 $\varepsilon_s(t)$ 和应力 $\sigma_s(t)$ 曲线，试件材料应变率、应变和应力曲线公式分别为

$$\dot{\varepsilon}_s = \frac{C_0}{l_0}(\varepsilon_i - \varepsilon_r - \varepsilon_t) \tag{4-1}$$

$$\varepsilon_s = \frac{C_0}{l_0}\int_0^t (\varepsilon_i - \varepsilon_r - \varepsilon_t)\mathrm{d}t \tag{4-2}$$

$$\sigma_s = \frac{EA}{2A_s}(\varepsilon_i + \varepsilon_r + \varepsilon_t) \tag{4-3}$$

式中，C_0 为杆中的弹性波速；l_0 为试件的初始长度；E 为杆的弹性模量；A 为杆的横截面积；A_s 为试件的横截面积。

4.2 云杉动态力学性能实验

采用 Φ50mm 铝质 Hopkinson 杆对尺寸为 Φ40mm×20mm 云杉试件开展动态压缩实验，输出波导杆上粘贴半导体应变片对应变信号进行测试。输入杆和输出杆长度均为 1800mm，子弹长度为 500mm，输入杆、输出杆和子弹材料均为 LC4 铝合金，其弹性模量为 73GPa，密度为 2.85g/cm^3。在输入杆距离试件端约 800mm、输出杆距离试件端 1000mm 处粘贴应变片用于记录应力波信号[17]。

4.2.1 顺纹方向加载实验

对云杉试件进行三种子弹速度动态压缩实验，试件尺寸约为 Φ40mm×20mm，其轴向沿木材顺纹方向。从实验结果可知，在动态压缩作用下云杉沿顺纹方向具有较高的屈服强度，当应变率为 520s^{-1}、750s^{-1} 和 950s^{-1} 时其屈服强度分别达到 66MPa、70MPa 和 73MPa，远高

于其顺纹准静态压缩屈服强度 37.8MPa(图 2-9)。相对于准静态压缩实验，云杉顺纹方向动态压缩屈服强度表现出很强的应变率敏感性。

实验测试得到的云杉顺纹方向动态压缩应力-应变曲线见图 4-2，在应变率为 $520s^{-1}$、$750s^{-1}$ 和 $950s^{-1}$ 时，其应力-应变曲线随应变率的增加略有小幅提高。实验后试件变形情况如图 4-3 所示，其中图 4-3(a)为应

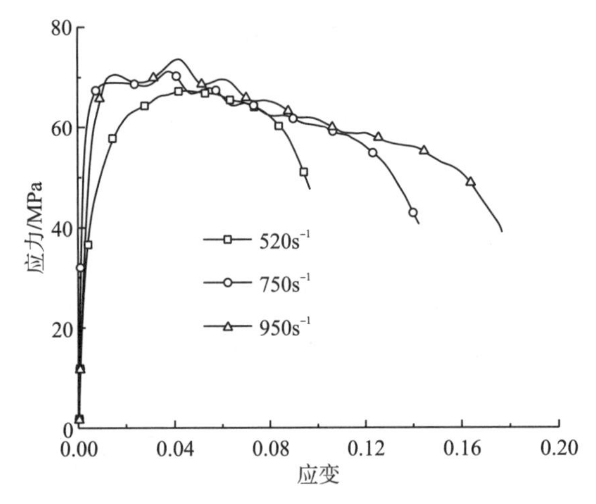

图 4-2 云杉顺纹方向动态压缩应力-应变曲线

(a) $520s^{-1}$

(b) $750s^{-1}$

(c) $950s^{-1}$

图 4-3 云杉顺纹方向动态压缩变形图

变率为 520s^{-1}实验后的试件变形情况，可以看出试件沿顺纹方向被压缩，并伴随较小的径向膨胀，试件表面未出现明显破坏现象；图 4-3(b)和(c)分别为应变率为 750s^{-1} 和为 950s^{-1} 下试件变形情况，随着应变率增加(冲击速度提高)，部分试件在顺纹压缩作用下发生径向膨胀，纤维层在环向拉伸作用下发生剥离，垂直于纤维生长方向破坏为多块。

4.2.2 横纹径向加载实验

对尺寸约为 Φ40mm×20mm 的试件沿横纹径向进行 11.95m/s、17.29m/s 和 20.81m/s 三种速度冲击压缩实验，试件轴向方向与云杉横纹径向一致。实验发现云杉横纹径向动态压缩屈服强度分别为 6.3MPa(530s^{-1})、8.2MPa(830s^{-1})和 8.8MPa(1020s^{-1})，远大于图 2-9 相应的准静态屈服强度 4.42MPa，具有应变率敏感性。

实验获得的动态应力-应变曲线如图 4-4 所示，可以看出在 830s^{-1} 和 1020s^{-1} 应变率下应力-应变曲线具有较高的应力峰值，当应变大于 0.02 时，不同应变率应力-应变曲线均进入稳定“平台应力”阶段。实验后试件变形如图 4-5 所示，其中图 4-5(a)和(b)为试件在应变率 530s^{-1} 和 830s^{-1} 横纹径向动态压缩后的变形情况，木材纤维在横纹径向作用下

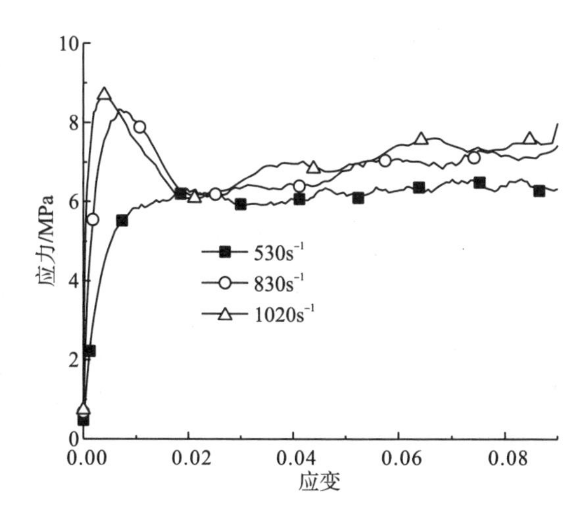

图 4-4　云杉横纹径向动态压缩应力-应变曲线

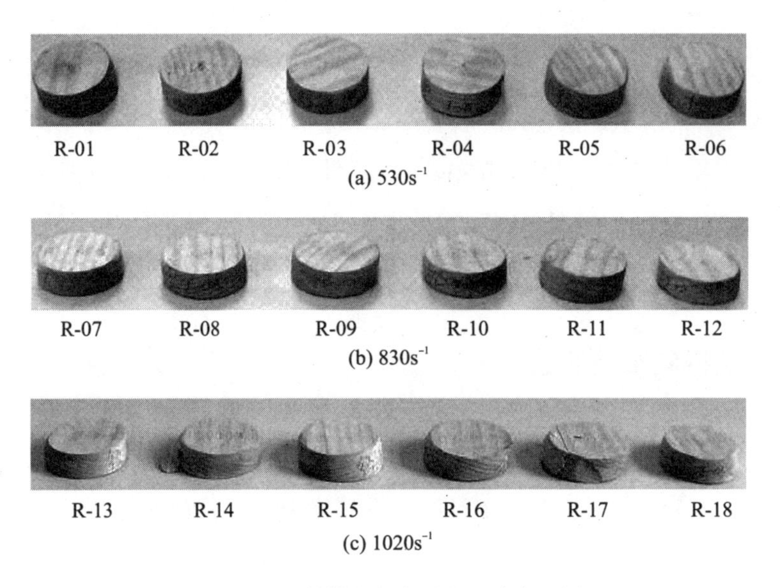

图 4-5　云杉横纹径向动态压缩变形图

垂直于顺纹方向产生滑移，加载面呈椭圆状，表面未出现明显断裂现象。图 4-5(c)为应变率 $1020s^{-1}$ 时试件破坏情况，随着冲击速度提高木材纤维滑移加剧，部分试件垂直于顺纹方向产生破坏，如图 4-5 中编号为 R-14 和 R-17 试件所示。

4.2.3　横纹弦向加载实验

在云杉横纹弦向动态压缩实验中，获得了在 $500s^{-1}$、$780s^{-1}$ 和 $1030s^{-1}$ 三种应变率下的动态压缩应力-应变曲线和破坏形式，实验结果表明云杉横纹弦向动态压缩屈服强度分别为 9.5MPa($500s^{-1}$)、10.7MPa($780s^{-1}$)和 11.4MPa($1030s^{-1}$)，远高于图 2-9 所示的准静态压缩屈服强度 4.40MPa。实验获得的不同应变率下云杉横纹弦向动态压缩应力-应变曲线如图 4-6 所示，从图 4-6 中可以看出，随着应变率提高屈服强度有所提高，屈服后曲线进入相对稳定“平台应力”阶段。由于试件在 $1030s^{-1}$ 实验中破坏较为严重，按照试件截面不变数据处理方法得到的应力-应变曲线在过屈服点后应力下降较快，落在应变率 $780s^{-1}$ 实验测试曲线下方。压缩后的试件破坏情况如图 4-7 所示，与横纹径向压缩实验结果(图 4-4)

相似，木材纤维在横纹弦向作用下垂直于顺纹方向产生滑移破坏，加载面呈椭圆状。图 4-7(a)和(b)为应变率 500s^{-1} 和 780s^{-1} 时破坏情况，在实验中大部分试件发生小木片脱离；在应变率 1030s^{-1} 下试件沿顺纹方向均破坏为多块，见图 4-7(c)。

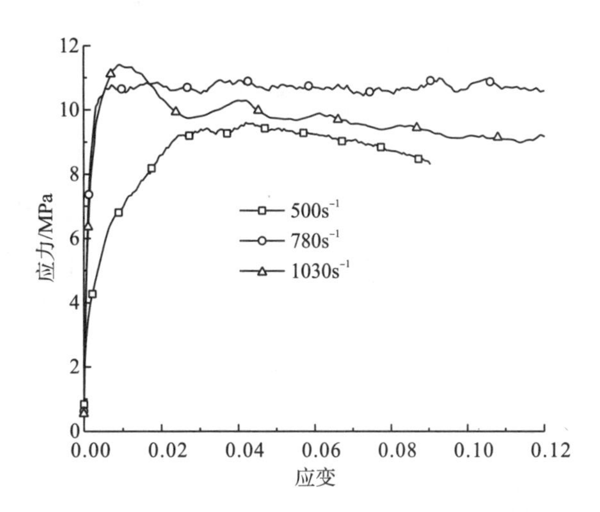

图 4-6　云杉横纹弦向动态压缩应力-应变曲线

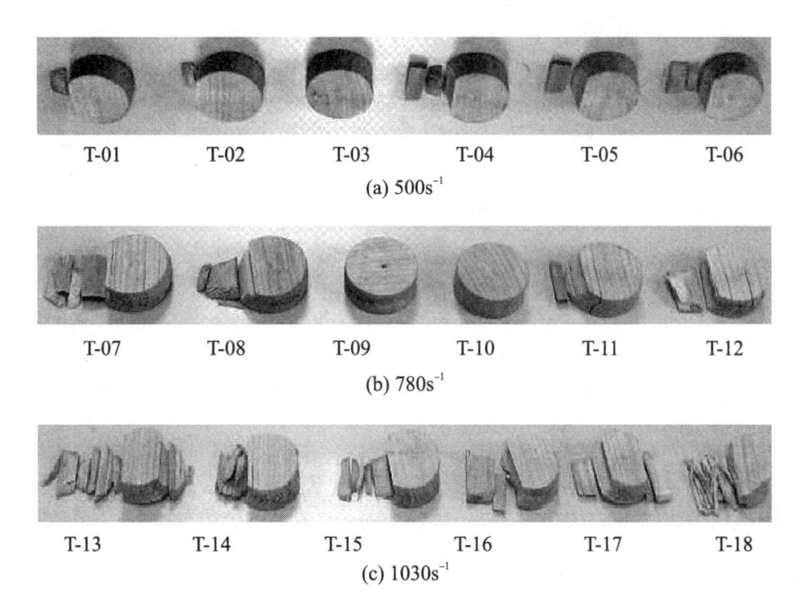

图 4-7　云杉横纹弦向动态压缩变形图

4.2.4 应变率效应

图 4-8 为三种加载方向下云杉屈服强度比随应变率变化曲线，纵坐标为各应变率下压缩屈服强度与准静态弦向压缩屈服强度(4.40MPa)之比，横坐标为应变率，从图 4-8 可以看出，云杉顺纹、横纹径向和横纹弦向屈服强度具有应变率敏感性。实验中动态屈服强度均远大于其准静态屈服强度，顺纹方向强度远大于横纹方向强度。在准静态情况下，横纹径向和弦向屈服强度基本相当，在本书动态压缩实验中，随着应变率的增加，横纹弦向屈服强度与横纹径向屈服强度差异不大。

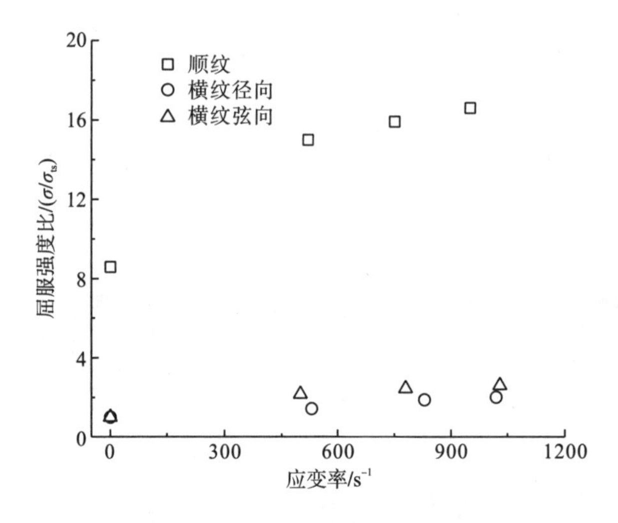

图 4-8 不同方向下云杉屈服强度比-应变率关系

4.3 水杉动态力学性能实验

采用铝质 Hopkinson 压缩实验装置对尺寸为 Φ40mm×20mm 的水杉开展动态压缩力学性能测试，通过调整撞击杆的驱动气压来实现不同的撞击速度，从而实现对试样不同应变率加载。

4.3.1　顺纹方向加载实验

通过对水杉试件开展不同速度冲击压缩实验，获得了在 $520s^{-1}$、$630s^{-1}$、$840s^{-1}$ 三种应变率下材料的动态应力-应变曲线，如图 4-9 所示。当应变率为 $520s^{-1}$ 时，水杉动态压缩屈服强度约为 35MPa；当应变率为 $630s^{-1}$ 时，动态压缩屈服强度约为 34MPa；当应变率为 $840s^{-1}$ 时，动态压缩屈服强度约为 39MPa。虽然材料应变率在 $520s^{-1}$ 和 $630s^{-1}$ 的情况下屈服强度差异不大，但三种应变率下的动态屈服强度远大于其准静态压缩屈服强度 24.6MPa（图 2-20），材料力学具有很强应变率敏感性。不同应变率冲击压缩后材料变形破坏如图 4-10 所示，试件两端均有不同膨胀，破坏形式均表现为端部向外张开卷曲，出现多条纵向裂口，甚至部分材料剥落，同时轴向方向被压缩。

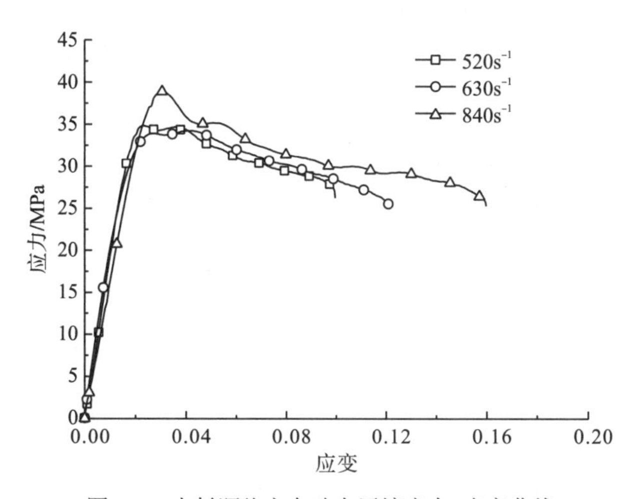

图 4-9　水杉顺纹方向动态压缩应力-应变曲线

(a) $520s^{-1}$

(b) $630s^{-1}$

(c) $840s^{-1}$

图 4-10　水杉顺纹方向动态压缩变形图

4.3.2　横纹径向加载实验

针对水杉开展横纹径向动态压缩实验，获得了 $480s^{-1}$、$640s^{-1}$ 和 $770s^{-1}$ 三种应变率下材料动态压缩应力-应变曲线，如图 4-11 所示。可以看出横纹径向载荷作用下水杉经历较为稳定的塑性平台应力区，横纹径向动态压缩屈服强度(4.5MPa[$480s^{-1}$]，4.8MPa[$640s^{-1}$]，5.0MPa[$770s^{-1}$])大于其准静态压缩屈服强度 3.1MPa(图 2-22)，在实验测试应变率范围内

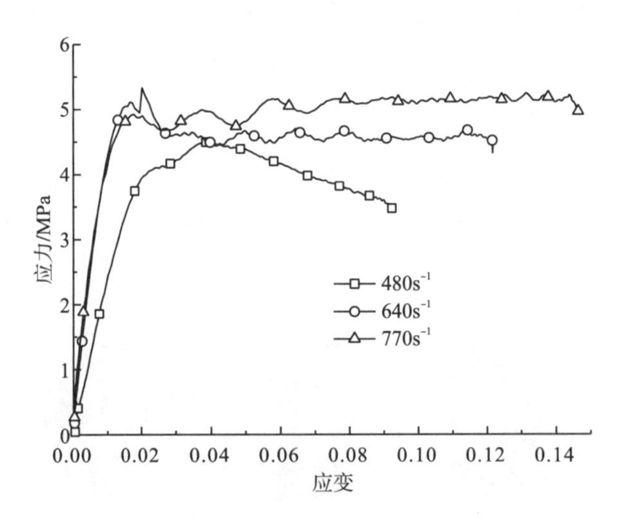

图 4-11　水杉横纹径向动态压缩应力-应变曲线

材料屈服应力有一定应变率效应。实验后各试件变形破坏如图 4-12 所示，可以看出，试件被压缩成椭圆扁平状，失效主要表现顺纹方向纤维滑移破坏。

(a) $480s^{-1}$

(b) $640s^{-1}$

(c) $770s^{-1}$

图 4-12　水杉横纹径向动态压缩变形图

4.3.3　横纹弦向加载实验

三种应变率下($490s^{-1}$、$620s^{-1}$ 和 $770s^{-1}$)的水杉横纹弦向动态压缩应力-应变曲线如图 4-13 所示，与图 4-11 横纹径向压缩曲线类似，材料在压缩过程中进入塑性变形后经历一段较长的平台应力区。三种应变率下水杉横纹弦向动态压缩屈服强度(5.4MPa[$490s^{-1}$]，5.2MPa[$620s^{-1}$]，5.2MPa[$770s^{-1}$])高于准静态压缩屈服强度 3.3MPa，具有应变率敏感效应。不同应变率下材料压缩破坏形式如图 4-14 所示，可以看出，试件被压缩成椭圆扁平状，试件剥离面均沿木材顺纹方向，发生压缩滑移分层破坏。

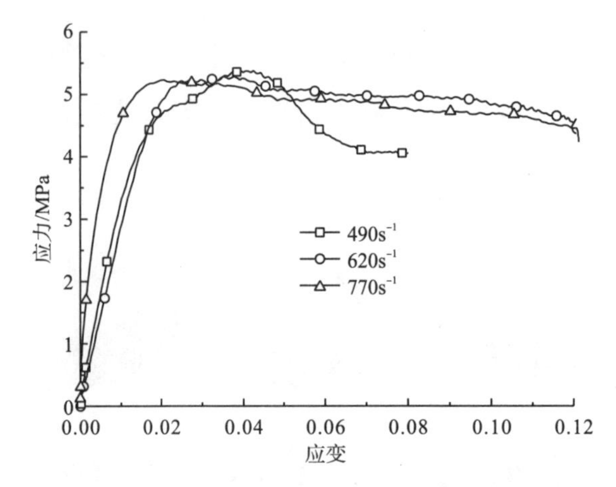

图 4-13　水杉横纹弦向动态压缩应力-应变曲线

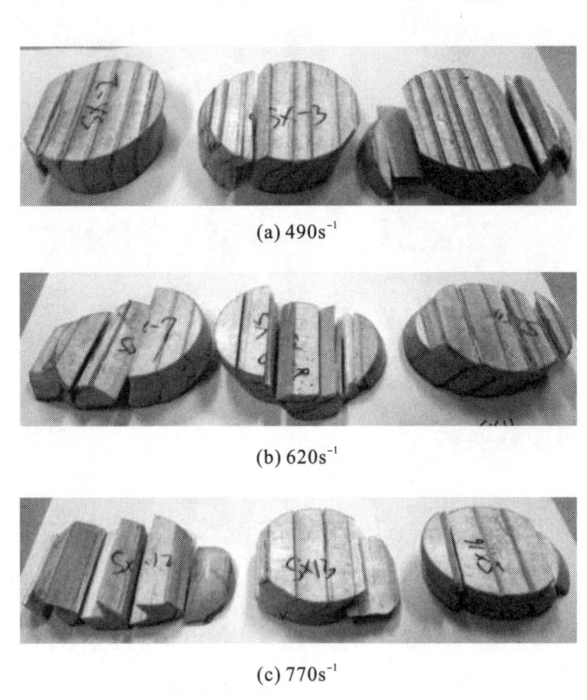

(a) $490s^{-1}$

(b) $620s^{-1}$

(c) $770s^{-1}$

图 4-14　水杉横纹弦向动态压缩变形图

4.3.4　应变率效应

三种加载方向下水杉屈服强度比与应变率间的关系如图 4-15 所示，图 4-15 中纵坐标为各应变率下压缩屈服强度与准静态弦向压缩屈服强度(3.3MPa)之比。从中可以看到，水杉顺纹、横纹径向和横纹弦向屈服强度均具有一定的应变率效应，动态屈服强度均大于准静态屈服强度，顺纹方向强度远大于横纹方向强度。横纹径向和弦向屈服强度基本相当，应变率在[$500s^{-1}$，$800s^{-1}$]内材料应变率效应不是很明显，但屈服强度仍远大于其静态屈服值。

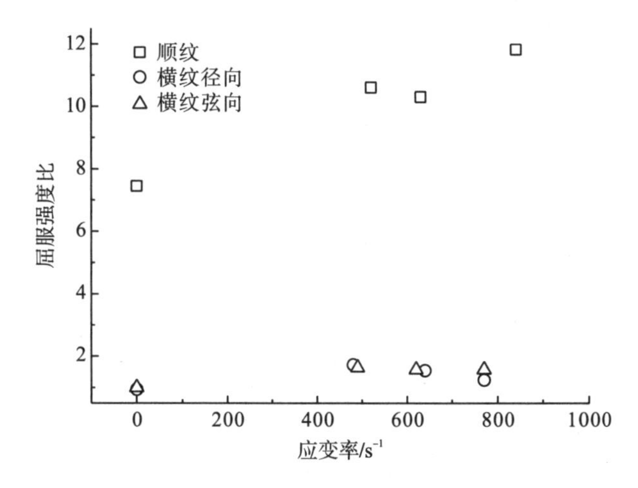

图 4-15　不同方向下水杉压缩屈服强度比-应变率关系

4.4　毛白杨动态力学性能实验

采用铝质 Hopkinson 压缩实验装置对尺寸为 Φ40mm×20mm 的毛白杨木材开展动态压缩力学性能测试，测试不同加载方向和应变率下毛白杨的动态力学性能。

4.4.1　顺纹方向加载实验

实验中采用不同速度沿着毛白杨试件生长方向进行加载，获得了在 $460s^{-1}$、$730s^{-1}$ 和 $850s^{-1}$ 三种应变率下材料的动态应力-应变曲线，如图 4-16 所示。图 4-16 中可以看到三种应变率对应的屈服强度分别为 61MPa、68MPa 和 73MPa，三种应变率下的动态屈服强度远大于其准静态压缩屈服强度 42.4MPa(图 2-33)，毛白杨顺纹方向压缩力学性能具有较强应变率敏感性。不同应变率冲击压缩后材料变形破坏如图 4-17 所示，其顺纹压缩破坏形式与云杉和水杉相似，动态冲击下试样沿加载方向出现多条纵向裂口，试样在轴向压缩作用下产生径向拉伸破坏，随着冲击速度(应变率)增大试样破坏越严重。

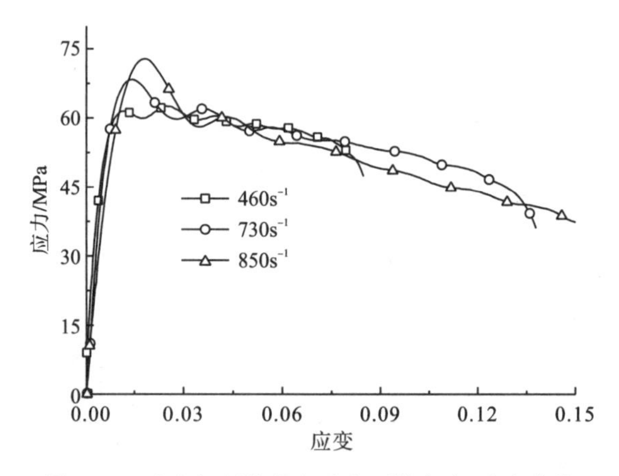

图 4-16　毛白杨顺纹方向动态压缩应力-应变曲线

(a) $460s^{-1}$

(b) $730s^{-1}$

(c) $850s^{-1}$

图 4-17　毛白杨顺纹方向动态压缩变形图

4.4.2　横纹径向加载实验

采用了三种速度沿毛白杨试件横纹径向进行动态压缩实验，获得了应变率为 460s^{-1}、730s^{-1} 和 940s^{-1} 时的动态应力-应变曲线及动态屈服强度，如图 4-18 所示。从图 4-18 中可知，应变率为 480s^{-1} 材料的动态压缩屈服强度约为 11.99MPa；应变率为 730s^{-1} 时对应的动态压缩屈服强度约为 12.9MPa；应变率为 940s^{-1} 时获得的动态压缩屈服强度为 13.4MPa，可以看出毛白杨横纹径向动态压缩屈服强度大于其准静态压缩屈服强度 5.81MPa(图 2-35)。对于横纹径向动态压缩实验，失效主要表现为木纹方向纤维滑移撕裂破坏，随着压缩变形的增加，圆柱形试样逐渐变为扁平椭圆形，木材纤维产生脱层分离，如图 4-19 所示。

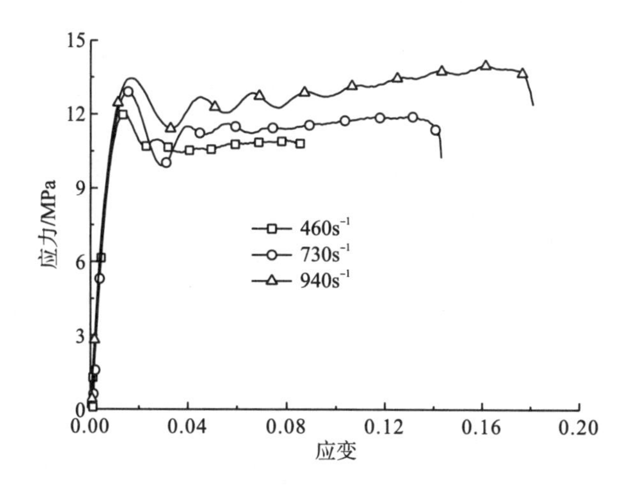

图 4-18　毛白杨横纹径向动态压缩应力-应变曲线

(a) 460s^{-1}

(b) $730s^{-1}$

(c) $940s^{-1}$

图 4-19 毛白杨横纹径向动态压缩变形图

4.4.3 横纹弦向加载实验

图 4-20 为毛白杨横纹弦向动态压缩实验中，获得的三种应变率下($460s^{-1}$、$700s^{-1}$和 $940s^{-1}$)的动态压缩应力-应变曲线。从图 4-20 中可以看出毛白杨横纹径向动态压缩屈服强度具有应变率相关性，其动态压缩屈服强度(8.5MPa[$460s^{-1}$]，9.9MPa[$700s^{-1}$]，10.1MPa[$940s^{-1}$])远高于准静态压缩屈服强度 3.26MPa(图 2-37)。动态压缩后的试样破坏形式如图 4-21 所示，其破坏模式与图 4-19 横纹径向压缩失效相似，主要表现为木纹方向纤维滑移撕裂破坏，纤维产生分离。

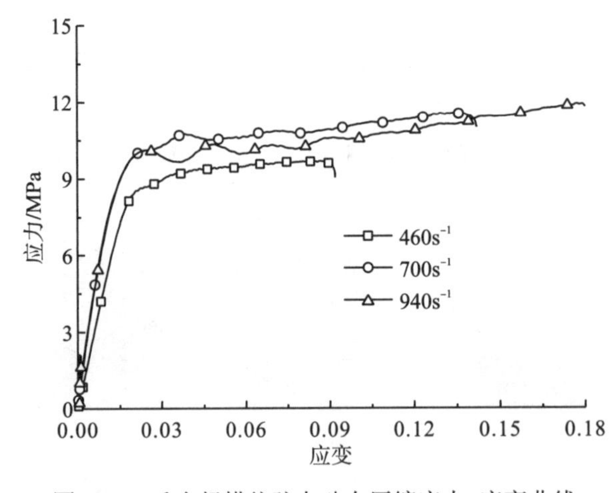

图 4-20 毛白杨横纹弦向动态压缩应力-应变曲线

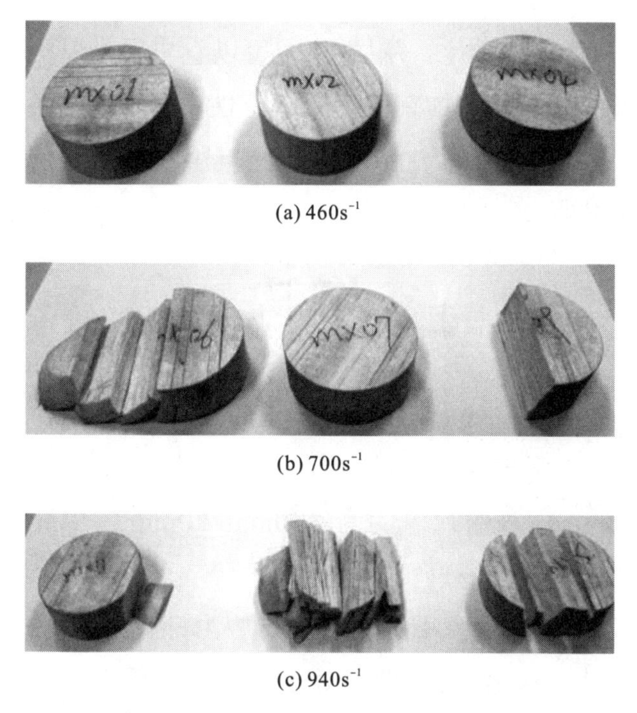

(a) $460s^{-1}$

(b) $700s^{-1}$

(c) $940s^{-1}$

图 4-21　毛白杨横纹弦向动态压缩变形图

4.4.4　应变率效应

图 4-22 为三种加载方向、不同应变率下毛白杨屈服强度比较，其中横坐标为应变率，纵坐标为各应变率下压缩屈服强度与准静态弦向压

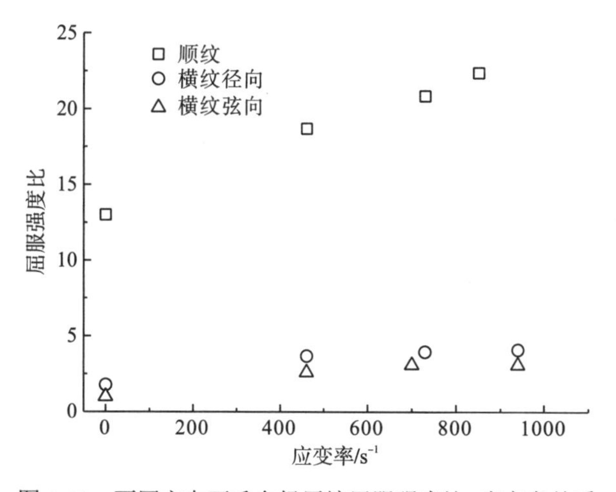

图 4-22　不同方向下毛白杨压缩屈服强度比-应变率关系

缩屈服强度(3.26MPa)之比。从图 4-22 可以看出，毛白杨顺纹、横纹径向和横纹弦向屈服强度均具有应变率敏感性，动态屈服强度均大于准静态屈服强度，顺纹方向强度远大于横纹方向强度。横纹径向强度与横纹弦向屈服强度相当。

4.5 人工木材动态力学性能实验

4.5.1 中纤板动态压缩实验

采用 Hopkinson 杆对尺寸约为 Φ40mm×20mm 的中纤板试件进行动态压缩实验，试件轴向垂直于板面方向。经实验测试获得了在 700s^{-1}、900s^{-1}、1060s^{-1} 三种应变率下材料的动态应力-应变曲线，见图 4-23。从图 4-23 可以看出，应力-应变曲线处于塑性状态后进入到一小段“平台应力”区，接下来随着应变增加应力快速增加。实验表明中纤板具有较强应变率敏感性，动压屈服强度远高于其静压屈服强度值(10.7MPa，见图 2-43)。应变率约为 700s^{-1} 时动态压缩屈服强度约为 13.3MPa；应变率约为 900s^{-1} 时动态压缩屈服强度约为 16.1MPa；应变率约为 1060s^{-1} 时动态压缩屈服强度约为 17.1MPa；动态压缩下的强度值为静态强度值的 1.24～1.60 倍。

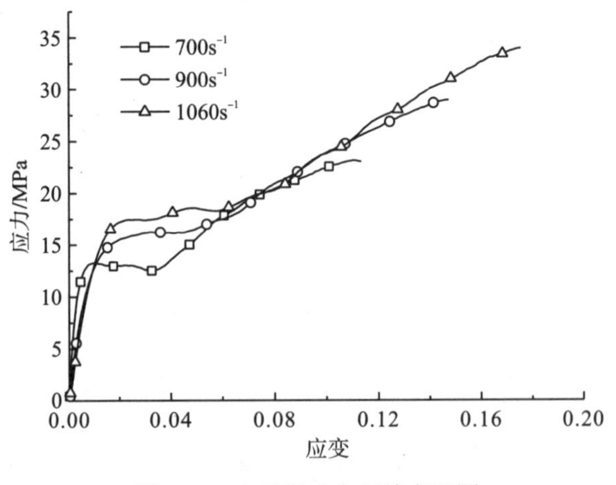

图 4-23 中纤板动态压缩变形图

不同应变率动态压缩后回收的中纤板试件如图 4-24 所示，可以看出冲击压缩下试样被轴向缩短，并产生一定径向膨胀现象。由于中纤板不同于天然木材空间布局结构，其力学性能没有各向异性，冲击压缩作用下没有压缩屈曲、分层破坏现象产生。由于实验中纤板试件由多层纤维板黏接而成，在高应变率冲击作用下黏接层发生脱层，且脱落的层裂块又从中断裂为两部分，如图 4-24(c)所示。

(a) $700s^{-1}$

(b) $900s^{-1}$

(c) $1060s^{-1}$

图 4-24　中纤板动态压缩变形图

4.5.2　刨花板动态压缩实验

针对尺寸约为 Φ40mm×20mm 的刨花板试件开展动态压缩实验，获得了应变率为 $710s^{-1}$、$910s^{-1}$ 和 $1060s^{-1}$ 时的动态应力-应变曲线，如图 4-25 所示。刨花板动态应力曲线随着应变率的增加略有增加，其动压屈服强度远高于静压屈服强度值(12.8MPa，见图 2-48)。应变率为 $710s^{-1}$ 时动态压缩屈服强度约为 13.2MPa；应变率为 $910s^{-1}$ 时动态压缩屈服强度约为 14.8MPa；应变率为 $1060s^{-1}$ 时动态压缩屈服强度约为 15.4MPa；动态压缩下的强度值为静态强度值的 1.03～1.20 倍。

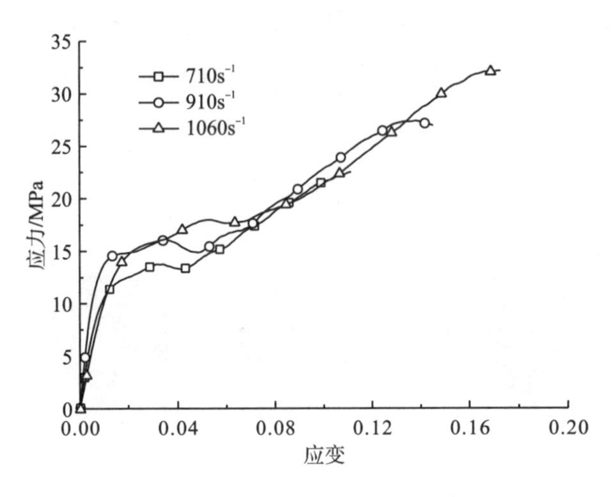

图 4-25　刨花板动态压缩变形图

动态压缩后的刨花板试件变形破坏情况如图 4-26 所示，与图 4-24 所示的中纤板变形类似，随着轴向压缩载荷增加试样产生环向膨胀现

(a) $710s^{-1}$

(b) $910s^{-1}$

(c) $1060s^{-1}$

图 4-26　刨花板动态压缩变形图

象。由于刨花板通过枝芽、小径木、速生木材和木屑等碎片在一定的温度压力下压制而成，宏观力学性能表现为各向同性，没有出现天然木材屈曲褶皱、纤维分层破坏现象。

4.6　本 章 小 结

本章针对几种木质材料动态力学行为进行了高速冲击压缩实验研究，获得了三个方向动态压缩下天然木材及人工木材高应变率动态力学行为，结果表明木质材料动态压缩屈服强度具有应变率敏感性，在应变率为 $500s^{-1}$～$1000s^{-1}$ 动态压缩实验中顺纹、横纹径向和横纹弦向动压屈服强度均随着应变率的增加而显著提高；高应变率下木材失效模式与静态载荷下失效一致，沿顺纹方向加载破坏形式表现为木材纤维轴向屈曲、褶皱；横纹径向和横纹弦向加载失效行为表现为木材纤维间的滑移破坏。

参 考 文 献

[1] 王礼立, 朱珏, 赖华伟. 冲击动力学研究中实测波信息的解读分析[J]. 高压物理学报, 2010, 24(4): 279-285.

[2] 胡时胜. Hopkinson 压杆实验技术的应用进展[J]. 实验力学, 2005, 20(4): 589-594.

[3] 李玉龙, 郭伟国, 徐绯, 等. Hopkinson 压杆技术的推广应用[J]. 爆炸与冲击, 2006, 26(5): 385-394.

[4] 卢芳云, Chen W, Frew D J. 软材料的 SHPB 实验设计[J]. 爆炸与冲击, 2002, 21(1): 15-19.

[5] Chen W, Zhang B, Forrestal M J. A split Hopkinson bar technique for low-impedance materials[J]. Experimental Mechanics, 1999, 39(2): 81-85.

[6] Zhao H, Gary G, Klepaczko J R. On the use of a viscoelastic split Hopkinson pressure bar[J]. International Journal of Impact Engineering, 1997, 19(4): 319-330.

[7] 王宝珍, 胡时胜. 冲击载荷下猪后腿肌肉的横向同性本构模型[J]. 爆炸与冲击, 2011, 31(6): 567-572.

[8] 陈荣, 卢芳云, 林玉亮, 等. 分离式 Hopkinson 压杆实验技术研究进展[J]. 力学进展, 2009, 39(5): 576-587.

[9] Tsai J, Sun C T. Dynamic compressive strengths of polymeric composites[J]. International Journal of Solids and Structures, 2004, 44(11-12): 3211-3224.

[10] Segreti M, Rusinek A, Klepaczko J R. Experimental study on puncture of PMMA at low and high velocities, effect on the failure mode[J]. Polymer Testing, 2004, 23(6): 703-718.

[11] 王礼立, 王永刚. 应力波在用 SHPB 研究材料动态本构特性中的重要作用[J]. 爆炸与冲击, 2005, 25(1): 17-25.

[12] 宋力, 胡时胜. 一种用于软材料测试的改进 SHPB 装置[J]. 实验力学, 2004, 19(4): 448-452.

[13] Bo S, Chen W, Yanagita T, et al. Confinement effects on the dynamic compressive properties of an epoxy syntactic foam[J]. Composite Structures, 2005, 67(3): 279-287.

[14] Widehammar S. Stress-strain relationships for spruce wood: Influence of strain rate, moisture content and loading direction[J]. Experimental Mechanics, 2004, 44(1): 44-48.

[15] Vural M, Ravichandran G. Dynamic response and energy dissipation characteristics of balsa wood: Experiment and analysis[J]. International Journal of Solids and Structures, 2003, 40(9): 2147-2170.

[16] 窦金龙, 汪旭光, 刘云川, 等. 干、湿木材的动态力学性能及破坏机制研究[J]. 固体力学学报, 2008, 29(4): 348-353.

[17] 钟卫洲, 宋顺成, 黄西成, 等. 三种方向加载下云杉静动态力学性能研究[J]. 力学学报, 2011, 43(6): 1141-1150.

第5章　正交各向异性圆柱体在轴压作用下的应力场

随着现代材料技术的发展，越来越多的木材类各向异性材料被广泛地应用于工业、民用和武器领域。各向异性材料通常表现为不同方向弹性模量、泊松比、拉压强度等基本力学参量，因此各向异性结构体分析是一个较为复杂的力学问题。为了在结构设计中合理地运用这些材料以及对结构进行安全评估，需认识各向异性材料本构参数和不同力学状态下的破坏准则。近年来，国内外研究人员在正交各向异性材料弹塑性本构强度理论和结构数值分析方面开展了大量研究。在弹塑性本构强度理论方面，Cazacu 等[1]针对各向异性和拉压不对称材料提出了宏观正交各向异性屈服准则，其屈服准则为应力偏量主值函数。Plunkett 等[2]对薄板金属提出了各向异性屈服准则，该准则能对拉压各向异性金属屈服行为进行很好的描述。曾纪杰和傅衣铭[3]应用能量原理和正交各向异性材料的混合硬化本构关系，推导出在两端简支条件下轴向压缩圆柱壳的弹塑性临界应力表达式。Abd-Alla 和 Farhan[4]研究了非均质正交各向异性弹性圆柱体的平面应变问题，获得了应力和位移的解析表达式。田燕萍和傅衣铭[5]基于弹塑性力学和损伤理论，建立了与应力球张量有关的正交各向异性材料的混合硬化屈服准则，研究了具有损伤正交各向异性材料薄板的弹塑性屈曲问题。在结构计算分析方面，Bischoff 等[6]采用正交各向异性超弹性本构模型对生物体内组织进行了模拟。Romashchenko 和 Tarasovskaya[7]对不同空间螺旋状增强的正交各向异性多层厚壁圆筒动力学行为进行了数值分析。Redekop[8]运用微分求积方法分析了轴压作用下回转正交各向异性薄壳结构的屈曲行为。Grigorenko 和 Rozhok[9]

基于离散傅里叶级数对正交各向异性和横观各向同性椭圆空心圆筒应力状态进行了计算，同时还有很多研究者[10-14]对正交各向异性材料结构的计算方法开展了大量工作。

在正交各向异性和拉压强度差异较大材料的准静态压缩与Hopkinson杆动态压缩实验中，其破坏形式并不表现为沿加载方向压缩或斜剪切失效，而是试件边缘被拉伸破坏。如对正交各向异性材料木材沿其顺纹方向压缩时，一般在试件表面产生环向拉伸破坏，文献[15]～[19]对木材横向压缩作用下应力、应变分布，单轴应力状态下的失效及层合结构多轴加载行为进行了研究。对于拉伸强度远小于压缩强度的混凝土、岩石类圆柱材料，在压缩作用下破坏通常由拉伸应力引起(如背面层裂、射线状环向撕裂)，徐卫亚和张贵科[20]以损伤变量作为加权系数，将岩块和结构面抗剪强度参数的加权平均值作为岩体等效强度参数，根据岩体在各空间截面上的等效抗剪强度计算了岩体正交各向异性等效强度参数。虽然目前对于正交各向异性材料结构实验和数值模拟方面的研究文献比较多，但对于正交各向异性材料在冲击载荷作用下的力学行为理论分析的文献较少，因此针对正交各向异性及拉压强度差异较大的材料，分析其在静动态载荷作用下沿加载面内的应力分布是很有必要的，有助于认识材料的破坏机理，对结构进行合理的安全设计。

鉴于此，本章在材料变形体积不可压假设条件下，对圆柱试件在轴向载荷作用下沿圆面内的环向和径向应力分布进行分析计算，给出材料本构分别为正交各向异性和横观各向同性时的环向应力与径向应力分布函数；基于最大拉伸应变破坏准则，获得试件圆环面产生拉伸破坏时的临界轴向载荷；运用Hill-蔡强度理论对试件圆环面上失效行为进行描述，得到含应变率参数的失效准则表达式，并对木材在轴压载荷作用下的失效行为及弹丸侵彻混凝土、岩石类材料靶体问题进行分析讨论[21, 22]。

5.1　轴向载荷与环向应变关系

假设材料在压缩过程中体积不可压，加载面无摩擦(试件在载荷作用下由长柱体变为短柱体，不发生鼓状变形)，压缩过程中试件不发生失稳，对圆柱形试件轴向稳态压缩行为进行理论分析，其简化分析模型如图 5-1 所示。

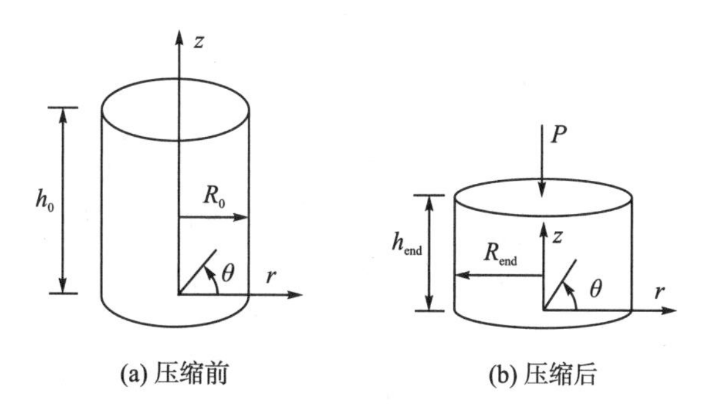

图 5-1　轴向压缩模型简图

图 5-1 中 h_0 和 h_{end} 分别为试件初始轴向长度与压缩后轴向长度，R_0 和 R_{end} 为试件变形前、后半径。在载荷 P 作用下试件轴向应变 ε_z 和环向应变 ε_θ 分别表示为

$$\varepsilon_z = \ln\frac{h_{end}}{h_0} \tag{5-1}$$

$$\varepsilon_\theta = \ln\frac{2\pi R_{end}}{2\pi R_0} = \ln\frac{R_{end}}{R_0} \tag{5-2}$$

由体积不可压假设有

$$\pi R_0^2 h_0 = \pi R_{end}^2 h_{end} \tag{5-3}$$

即 $\left(\dfrac{R_{end}}{R_0}\right)^2 = \dfrac{h_0}{h_{end}}$

结合式(5-1)～式(5-3)，轴向应变 ε_z 与环向应变 ε_θ 之间的关系为

$$2\varepsilon_\theta + \varepsilon_z = 0 \tag{5-4}$$

由式(5-4)可以看出，圆柱试件在体积不可压的条件下，其产生的轴向压缩应变绝对值为环向拉伸应变的两倍。

若作用载荷 P 小于试件轴向压缩弹性极限载荷，则试件轴向应变可以表示为

$$\varepsilon_z = \frac{\sigma}{E_a} = \frac{P}{E_a \pi R_{\text{end}}^2} \tag{5-5}$$

式中，E_a 为试件轴向方向的弹性模量，将式(5-5)代入式(5-4)，化简得

$$P = -2E_a \pi R_{\text{end}}^2 \ln \frac{R_{\text{end}}}{R_0} = -2E_a \pi R_{\text{end}}^2 \varepsilon_\theta \tag{5-6}$$

式(5-6)为在试件体积不可压和轴向载荷小于弹性极限载荷假设条件下，轴向载荷与试件环向应变之间的关系。若试件沿环向拉伸失效应变较低，在轴向压缩载荷下发生环向拉伸破坏，则可由式(5-2)和式(5-6)得到轴压作用下试件产生环向拉伸失效的临界轴向载荷：

$$P^* = -2E_a \pi R_0^2 e^{2\varepsilon_{\theta y}} \varepsilon_{\theta y} \tag{5-7}$$

式中，$\varepsilon_{\theta y}$ 为试件材料沿环向方向的拉伸失效应变。

5.2 试件轴向作用下的响应和应力分布

5.2.1 尺寸变形和径向加速度

对于如图 5-1 所示的模型，假设试件在塑性变形某时刻的半径为 r，轴向长度为 h，由体积不可压有 $\mathrm{d}V=0$，其表达式为

$$\mathrm{d}V = \mathrm{d}(\pi r^2 h) = 2\pi r h \mathrm{d}r + \pi r^2 \mathrm{d}h = 0 \tag{5-8}$$

即 $2h\mathrm{d}r = -r\mathrm{d}h$ 。

由于试件为轴对称结构，在轴对称载荷 P 作用下其力学响应也应呈现轴对称性，因此在试件圆截面内，沿环向方向速度和加速度为零。结合式(5-8)可得到径向方向速度：

$$v_r = \frac{\mathrm{d}r}{\mathrm{d}t} = -\frac{r\mathrm{d}h}{2h\mathrm{d}t} \tag{5-9}$$

径向加速度为

$$a_r = \frac{\mathrm{d}v_r}{\mathrm{d}t} = -\frac{\mathrm{d}h}{2h\mathrm{d}t}\left(\frac{\mathrm{d}r}{\mathrm{d}t}\right) - \frac{r\mathrm{d}h}{2\mathrm{d}t}\left(\frac{-1}{h^2}\frac{\mathrm{d}h}{\mathrm{d}t}\right) - \frac{r}{2h}\frac{\mathrm{d}^2h}{\mathrm{d}t^2} \tag{5-10}$$

将式(5-9)代入式(5-10)，化简得

$$a_r = \frac{3r}{4h^2}\left(\frac{\mathrm{d}h}{\mathrm{d}t}\right)^2 - \frac{r}{2h}\frac{\mathrm{d}^2h}{\mathrm{d}t^2} \tag{5-11}$$

由于$\varepsilon_z = \frac{\mathrm{d}h}{h}$，$\dot{\varepsilon}_z = \frac{\mathrm{d}h}{h\mathrm{d}t}$，因此式(5-11)可化简为

$$a_r = \frac{r\dot{\varepsilon}_z^2}{4} - \frac{r}{2}\frac{\mathrm{d}\dot{\varepsilon}_z}{\mathrm{d}t} \tag{5-12}$$

从式(5-1)可知轴向应变ε_z可由轴向压缩前后高度来表达，可推导出轴向变形前后高度关系：

$$h_{\mathrm{end}} = h_0\mathrm{e}^{\varepsilon_z} \tag{5-13}$$

将式(5-13)代入体积不可压公式[式(5-3)]有

$$\pi R_0^2 h_0 = \pi R_{\mathrm{end}}^2 h_0 \mathrm{e}^{\varepsilon_z} \tag{5-14}$$

即

$$R_{\mathrm{end}} = R_0\mathrm{e}^{-\varepsilon_z/2} \tag{5-15}$$

式(5-15)为试件最终变形后半径与初始半径之间的关系，试件最终半径改变取决于$\mathrm{e}^{-\varepsilon_z/2}$。

5.2.2　试件径向、环向应力分析

由于圆柱为轴对称试件，因此试件在压缩过程中应力分布呈轴对称分布，即应力分量σ_r和σ_θ是半径 r 的函数，$\tau_{r\theta} = \tau_{\theta r} = 0$，平面微元分析示意图如图 5-2 所示。

根据弹性力学平面问题的极坐标解[23]可得其变形协调方程：

$$\frac{\mathrm{d}}{\mathrm{d}r}(r\varepsilon_\theta) - \varepsilon_r = 0 \tag{5-16}$$

引入应力函数$\phi = r\sigma_r$，令微元密度为ρ，则应力分量满足：

$$\sigma_r = \frac{\phi}{r}, \quad \sigma_\theta = \frac{\mathrm{d}\phi}{\mathrm{d}r} + \rho a_r r \tag{5-17}$$

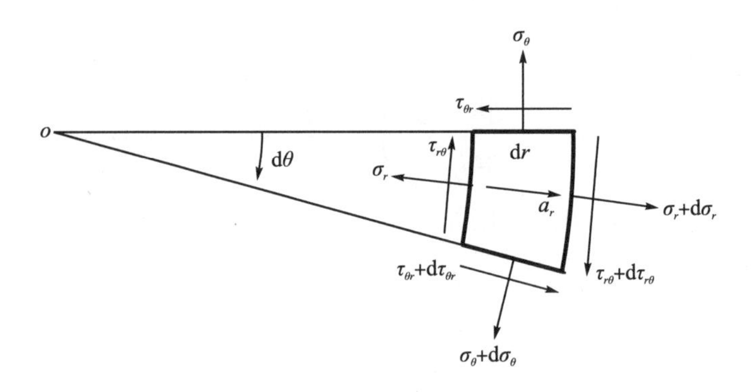

图 5-2　平面微元分析示意图

圆柱坐标下，轴对称问题的物理方程有

$$\varepsilon_r=\frac{\sigma_r}{E_r}-\frac{\nu_{\theta r}\sigma_\theta}{E_\theta}-\frac{\nu_{zr}\sigma_z}{E_z} \tag{5-18}$$

$$\varepsilon_\theta=\frac{\sigma_\theta}{E_\theta}-\frac{\nu_{r\theta}\sigma_r}{E_r}-\frac{\nu_{z\theta}\sigma_z}{E_z} \tag{5-19}$$

式中，E_r、E_θ 和 E_z 分别为圆柱体径向弹性模量、环向弹性模量和轴向弹性模量，将式(5-12)、式(5-17)、式(5-18)、式(5-19)代入式(5-16)有

$$\begin{aligned}&\frac{1}{E_\theta}\frac{\mathrm{d}^2\phi}{\mathrm{d}r^2}+\left(\frac{1}{E_\theta}-\frac{\nu_{r\theta}}{E_r}+\frac{\nu_{\theta r}}{E_\theta}\right)\frac{1}{r}\frac{\mathrm{d}\phi}{\mathrm{d}r}-\frac{1}{E_r}\frac{\phi}{r^2}\\&+\frac{1}{E_\theta}\left(3+\nu_{\theta r}\right)\left(\frac{\dot{\varepsilon}_z^2}{4}-\frac{1}{2}\frac{\mathrm{d}\dot{\varepsilon}_z}{\mathrm{d}t}\right)\rho r-\frac{\left(\nu_{z\theta}-\nu_{zr}\right)\sigma_z}{E_z}\frac{1}{r}=0\end{aligned} \tag{5-20}$$

对于正交各向异性材料，工程弹性常数间有如下关系：

$$\frac{\nu_{r\theta}}{E_r}=\frac{\nu_{\theta r}}{E_\theta} \tag{5-21}$$

结合式(5-21)，式(5-20)可简化为

$$\begin{aligned}&\frac{1}{E_\theta}\frac{\mathrm{d}^2\phi}{\mathrm{d}r^2}+\frac{1}{E_\theta}\frac{1}{r}\frac{\mathrm{d}\phi}{\mathrm{d}r}-\frac{1}{E_r}\frac{\phi}{r^2}+\frac{1}{E_\theta}\left(3+\nu_{\theta r}\right)\left(\frac{\dot{\varepsilon}_z^2}{4}-\frac{1}{2}\frac{\mathrm{d}\dot{\varepsilon}_z}{\mathrm{d}t}\right)\rho r\\&-\frac{\left(\nu_{z\theta}-\nu_{zr}\right)\sigma_z}{E_z}\frac{1}{r}=0\end{aligned} \tag{5-22}$$

式(5-22)通解为

$$
\begin{aligned}
\phi = & r^{-\sqrt{E_\theta/E_r}}A + r^{\sqrt{E_\theta/E_r}}B + \frac{E_\theta E_r(\nu_{z\theta}-\nu_{zr})\sigma_z}{(E_r-E_\theta)E_z}r \\
& -\frac{E_r\left(3+\nu_{\theta r}\right)}{9E_r-E_\theta}\left(\frac{\dot{\varepsilon}_z^2}{4}-\frac{1}{2}\frac{\mathrm{d}\dot{\varepsilon}_z}{\mathrm{d}t}\right)\rho r^3
\end{aligned}
\tag{5-23}
$$

式中，A、B 为积分常数，由式(5-17)和式(5-23)可得

$$
\begin{aligned}
\sigma_r = & r^{-(1+\sqrt{E_\theta/E_r})}A + r^{\sqrt{E_\theta/E_r}-1}B + \frac{E_\theta E_r(\nu_{z\theta}-\nu_{zr})\sigma_z}{(E_r-E_\theta)E_z} \\
& -\frac{E_r\left(3+\nu_{\theta r}\right)}{9E_r-E_\theta}\left(\frac{\dot{\varepsilon}_z^2}{4}-\frac{1}{2}\frac{\mathrm{d}\dot{\varepsilon}_z}{\mathrm{d}t}\right)\rho r^2
\end{aligned}
\tag{5-24}
$$

$$
\begin{aligned}
\sigma_\theta = & -\sqrt{E_\theta/E_r}\,r^{-(1+\sqrt{E_\theta/E_r})}A + \sqrt{E_\theta/E_r}\,r^{\sqrt{E_\theta/E_r}-1}B \\
& +\frac{E_\theta E_r(\nu_{z\theta}-\nu_{zr})\sigma_z}{(E_r-E_\theta)E_z} - \frac{\left(E_\theta+3E_r\nu_{\theta r}\right)}{9E_r-E_\theta}\left(\frac{\dot{\varepsilon}_z^2}{4}-\frac{1}{2}\frac{\mathrm{d}\dot{\varepsilon}_z}{\mathrm{d}t}\right)\rho r^2
\end{aligned}
\tag{5-25}
$$

对于圆柱形试件，在 r=0 处的应力为有限值，且$1+\sqrt{E_\theta/E_r}>1$，因此积分常数 A=0；同时在圆柱试件圆周边$r=R_0\mathrm{e}^{-\varepsilon_z/2}$有$\sigma_r=0$，则积分常数：

$$
\begin{aligned}
B = & -\frac{E_\theta E_r(\nu_{z\theta}-\nu_{zr})\sigma_z}{(E_r-E_\theta)E_z}\left(R_0\mathrm{e}^{-\varepsilon_z/2}\right)^{1-\sqrt{E_\theta/E_r}} \\
& +\frac{E_r\left(3+\nu_{\theta r}\right)}{9E_r-E_\theta}\rho\left(\frac{\dot{\varepsilon}_z^2}{4}-\frac{1}{2}\frac{\mathrm{d}\dot{\varepsilon}_z}{\mathrm{d}t}\right)\left(R_0\mathrm{e}^{-\varepsilon_z/2}\right)^{3-\sqrt{E_\theta/E_r}}
\end{aligned}
\tag{5-26}
$$

将 A、B 代入式(5-24)、式(5-25)有

$$
\begin{aligned}
\sigma_r = & \frac{E_\theta E_r(\nu_{z\theta}-\nu_{zr})\sigma_z}{(E_r-E_\theta)E_z}\left[1-\left(R_0\mathrm{e}^{-\varepsilon_z/2}\right)^{1-\sqrt{E_\theta/E_r}}r^{\sqrt{E_\theta/E_r}-1}\right] \\
& +\rho\frac{E_r\left(3+\nu_{\theta r}\right)}{9E_r-E_\theta}\left(\frac{\dot{\varepsilon}_z^2}{4}-\frac{1}{2}\frac{\mathrm{d}\dot{\varepsilon}_z}{\mathrm{d}t}\right)\left[\left(R_0\mathrm{e}^{-\varepsilon_z/2}\right)^{3-\sqrt{E_\theta/E_r}}r^{\sqrt{E_\theta/E_r}-1}-r^2\right]
\end{aligned}
\tag{5-27}
$$

$$
\begin{aligned}
\sigma_\theta = & \frac{E_\theta E_r(\nu_{z\theta}-\nu_{zr})\sigma_z}{(E_r-E_\theta)E_z}\left[1-\sqrt{E_\theta/E_r}\left(R_0\mathrm{e}^{-\varepsilon_z/2}\right)^{1-\sqrt{E_\theta/E_r}}r^{\sqrt{E_\theta/E_r}-1}\right] \\
& +\rho\left(\frac{\dot{\varepsilon}_z^2}{4}-\frac{1}{2}\frac{\mathrm{d}\dot{\varepsilon}_z}{\mathrm{d}t}\right)\left[\sqrt{E_\theta/E_r}\frac{E_r\left(3+\nu_{\theta r}\right)}{9E_r-E_\theta}\left(R_0\mathrm{e}^{-\varepsilon_z/2}\right)^{3-\sqrt{E_\theta/E_r}}r^{\sqrt{E_\theta/E_r}-1}\right. \\
& \left.-\frac{\left(E_\theta+3E_r\nu_{\theta r}\right)}{9E_r-E_\theta}r^2\right]
\end{aligned}
\tag{5-28}
$$

从式(5-27)和式(5-28)可以看出，对于轴向压缩正交各向异性圆柱试件，试件圆截面内的环向和径向应力分布为半径 r 的幂函数形式，在稳态压缩过程中其应力分布与材料三个方向弹性模量、泊松比、密度、轴向应变等参量相关，而与试件轴向长度无关。σ_r 和 σ_θ 应力值随半径 r 增大而减小，其中 σ_r 在试件圆周面上（$r = R_0 e^{-\varepsilon_z/2}$）下降为零。在准静态压缩情况下，轴向应变率及其变化率 $\dot{\varepsilon}_z$、$d\dot{\varepsilon}_z / dt$ 等于零，因此计算中可忽略惯性项；而对于非恒应变率动态压缩情况，轴向应变率 $\dot{\varepsilon}_z$ 不为零，且 $d\dot{\varepsilon}_z / dt$ 为非零，因此 σ_r、σ_θ 应力与试件惯性效应相关。

若试件为横观各向同性材料，则试件在圆面内各方向上的弹性模量和泊松比相等，则有 $E_r = E_\theta = E$；$\nu_{z\theta} = \nu_{zr} = \nu$，将式(5-27)和式(5-28)中各弹性模量与泊松比分别用 E 和 ν 进行替代化简得

$$\sigma_r = \frac{3+\nu}{8}\left(\frac{\dot{\varepsilon}_z^2}{4} - \frac{1}{2}\frac{d\dot{\varepsilon}_z}{dt}\right)\rho\left(R_0^2 e^{-\varepsilon_z} - r^2\right) \tag{5-29}$$

$$\sigma_\theta = \rho\left(\frac{\dot{\varepsilon}_z^2}{4} - \frac{1}{2}\frac{d\dot{\varepsilon}_z}{dt}\right)\left(\frac{3+\nu}{8}R_0^2 e^{-\varepsilon_z} - \frac{1+3\nu}{8}r^2\right) \tag{5-30}$$

式(5-29)和式(5-30)则为横观各向同性圆柱试件在轴向载荷作用下沿径向和环向方向的应力分布，其为半径 r 的二次函数，该表达式与文献[23]中圆盘匀速转动中应力分布函数相似，文献[23]中应力分量表达式为

$$\sigma_r = \frac{3+\nu}{8}\rho\omega^2\left(a^2 - r^2\right) \tag{5-31}$$

$$\sigma_\theta = \frac{3+\nu}{8}\rho\omega^2\left(a^2 - \frac{1+3\nu}{3+\nu}r^2\right) \tag{5-32}$$

式(5-31)和式(5-32)中，a 为旋转圆盘的半径；ω 为圆盘的旋转角速度。将式(5-29)、式(5-30)与式(5-31)、式(5-32)进行比较，可以看出圆柱试件在轴向载荷作用下沿半径产生的径向加速度 $\frac{r\dot{\varepsilon}_z^2}{4} - \frac{r}{2}\frac{d\dot{\varepsilon}_z}{dt}$ 等同于文献[23]中圆盘匀速转动过程中的向心加速度 $\omega^2 r$；圆柱试件在轴向载荷作用下变形后的半径 $R_0 e^{-\varepsilon_z/2}$ 与旋转圆盘半径 a 对应。在文献[23]中假定圆盘在匀速转动中不产生变形，即圆盘半径 a 在运动过程中为恒值，本

计算分析则视载荷作用下试件体积不可压，试件半径在轴向载荷作用下将发生变化，在产生轴向应变 ε_z 时的试件半径尺寸由初始 R_0 变为 $R_0\mathrm{e}^{-\varepsilon_z/2}$ 。

由式(5-29)、式(5-30)可知，对于横观各向同性材料，试件径向应力和环向应力在相同应变率 $\dot{\varepsilon}$ 下，r 值越小，σ_r、σ_θ 应力值就越大；由于泊松比 $\nu\leqslant0.5$，因此 $\sigma_r\leqslant\sigma_\theta$；$\sigma_r$ 和 σ_θ 在圆柱体中心线(r=0)上具有最大值：

$$(\sigma_r)_{\max}=(\sigma_\theta)_{\max}=\frac{3+\nu}{8}\left(\frac{\dot{\varepsilon}_z^2}{4}-\frac{1}{2}\frac{\mathrm{d}\dot{\varepsilon}_z}{\mathrm{d}t}\right)\rho R_0^2\mathrm{e}^{-\varepsilon_z} \tag{5-33}$$

由式(5-33)可知，轴向载荷作用下径向应力最大值与试件轴向应变、轴向方向的应变率和应变率随时间的变化率有关。对于恒应变率实验，$\mathrm{d}\dot{\varepsilon}_z/\mathrm{d}t=0$，则式(5-33)可化简为

$$(\sigma_r)_{\max}=(\sigma_\theta)_{\max}=\frac{3+\nu}{32}\rho\dot{\varepsilon}_z^2R_0^2\mathrm{e}^{-\varepsilon_z} \tag{5-34}$$

式(5-34)为横观各向同性圆柱试件在恒应变率加载作用下的最大径向和环向应力值，最大值出现在圆柱中心线上，且最大径向应力值与最大环向应力值相等。

5.3　Hill-蔡强度理论分析

对于轴压作用下各向异性材料试件破坏(分层、径向开裂)，通常最先发生在试件表面，因此可将圆柱试件圆周外层视为单层复合材料，采用 Hill-蔡强度理论对其进行分析，利用 Hill-蔡强度理论将圆柱试件圆周层材料描述为

$$\frac{\sigma_z^2}{X^2}-\frac{\sigma_z\sigma_\theta}{X^2}+\frac{\sigma_\theta^2}{Y^2}+\frac{\tau_{z\theta}^2}{S^2}=1 \tag{5-35}$$

式中，X 为轴向材料强度；Y 为环向材料强度；S 为圆周面内材料的剪切破坏强度参数。轴向载荷作用下圆柱试件表面上径向应力 σ_r 为零，圆

周表面剪应力也为零，对于试件圆周表面微元层只有 σ_z 和 σ_θ 不为零，试件圆周表面 $r=R_0\mathrm{e}^{-\varepsilon_z/2}$ 处的 $(\sigma_\theta)_{\text{edge}}$ 应力值可由式(5-28)得

$$(\sigma_\theta)_{\text{edge}}=\frac{E_\theta E_r(\nu_{z\theta}-\nu_{zr})\left(1-\sqrt{E_\theta/E_r}\right)\sigma_z}{(E_r-E_\theta)E_z}+\rho R_0^2\mathrm{e}^{-\varepsilon_z}\left(\frac{\dot{\varepsilon}_z^2}{4}-\frac{1}{2}\frac{\mathrm{d}\dot{\varepsilon}_z}{\mathrm{d}t}\right)\left[\sqrt{E_\theta/E_r}\frac{E_r(3+\nu_{\theta r})}{9E_r-E_\theta}-\frac{(E_\theta+3E_r\nu_{\theta r})}{9E_r-E_\theta}\right] \tag{5-36}$$

对于纤维复合材料，若纤维方向与试件轴向方向一致，则可将 σ_z 和式(5-36)中的 $(\sigma_\theta)_{\text{edge}}$ 表达式直接代入式(5-35)：

$$\begin{aligned}&\frac{\sigma_z^2}{X^2}-\frac{1}{X^2}\left\{\frac{E_\theta E_r(\nu_{z\theta}-\nu_{zr})\left(1-\sqrt{E_\theta/E_r}\right)\sigma_z}{(E_r-E_\theta)E_z}+\rho R_0^2\mathrm{e}^{-\varepsilon_z}\left(\frac{\dot{\varepsilon}_z^2}{4}-\frac{1}{2}\frac{\mathrm{d}\dot{\varepsilon}_z}{\mathrm{d}t}\right)\right.\\&\left.\left[\sqrt{E_\theta/E_r}\frac{E_r(3+\nu_{\theta r})}{9E_r-E_\theta}-\frac{(E_\theta+3E_r\nu_{\theta r})}{9E_r-E_\theta}\right]\right\}\sigma_z+\frac{1}{Y^2}\\&\left\{\frac{E_\theta E_r(\nu_{z\theta}-\nu_{zr})\left(1-\sqrt{E_\theta/E_r}\right)\sigma_z}{(E_r-E_\theta)E_z}+\rho R_0^2\mathrm{e}^{-\varepsilon_z}\left(\frac{\dot{\varepsilon}_z^2}{4}-\frac{1}{2}\frac{\mathrm{d}\dot{\varepsilon}_z}{\mathrm{d}t}\right)\right.\\&\left.\left[\sqrt{E_\theta/E_r}\frac{E_r(3+\nu_{\theta r})}{9E_r-E_\theta}-\frac{(E_\theta+3E_r\nu_{\theta r})}{9E_r-E_\theta}\right]\right\}^2=1\end{aligned} \tag{5-37}$$

若圆柱试件为横观各向同性材料，$E_r=E_\theta$，则式(5-37)可简化为

$$\begin{aligned}&\frac{\sigma_z^2}{X^2}-\frac{1}{X^2}\left[\frac{1-\nu_{\theta r}}{4}\rho R_0^2\mathrm{e}^{-\varepsilon_z}\left(\frac{\dot{\varepsilon}_z^2}{4}-\frac{1}{2}\frac{\mathrm{d}\dot{\varepsilon}_z}{\mathrm{d}t}\right)\right]\sigma_z\\&+\frac{1}{Y^2}\left[\frac{1-\nu_{\theta r}}{4}\rho R_0^2\mathrm{e}^{-\varepsilon_z}\left(\frac{\dot{\varepsilon}_z^2}{4}-\frac{1}{2}\frac{\mathrm{d}\dot{\varepsilon}_z}{\mathrm{d}t}\right)\right]^2=1\end{aligned} \tag{5-38}$$

从式(5-37)可以看出，根据 Hill-蔡强度理论对试件圆周层材料进行分析，正交各向异性圆柱试件在轴向载荷作用下，其失效行为除取决于轴压应力和材料的弹性模量、泊松比等基本力学参数外，还与试件变形的应变率和应变率随时间的变化率有关。而对于横观各向同性材料试件，从式(5-38)可知试件圆周层材料失效主要取决于材料泊松比、密度

和应变率，而与试件材料弹性模量无关。

上述分析是在纤维方向与试件轴向一致的情况下进行的，对于纤维复合材料试件，若纤维方向与试件轴向存在如图 5-3 所示的夹角情况，则需先通过转轴公式计算轴向应力 σ_z 与环向应力 σ_θ 在纤维铺层 z' 和垂直纤维 θ' 方向上的应力 $\sigma_{z'}$、$\sigma_{\theta'}$ 及剪应力 $\tau_{z'\theta'}$，再进行 Hill-蔡强度理论分析。

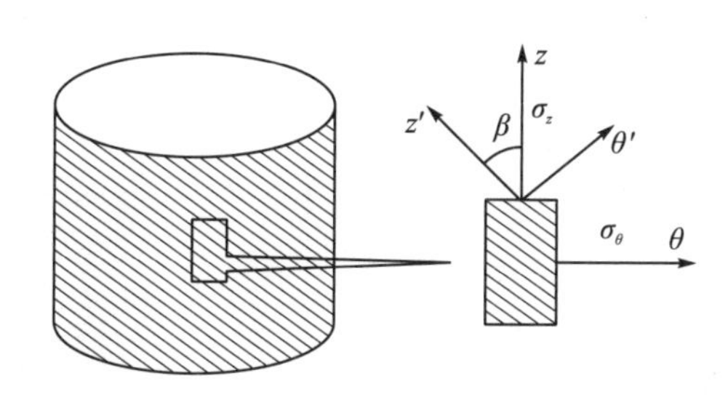

图 5-3　纤维方向与轴向夹角示意图

对如图 5-3 所示的情况利用转轴公式计算 $\sigma_{z'}$、$\sigma_{\theta'}$ 和 $\tau_{z'\theta'}$ 表达式：

$$\begin{cases} \sigma_{z'} = \cos^2\beta\sigma_z + \sin^2\beta\sigma_\theta \\ \sigma_{\theta'} = \sin^2\beta\sigma_z + \cos^2\beta\sigma_\theta \\ \tau_{z'\theta'} = \dfrac{1}{2}\sin 2\beta(\sigma_\theta - \sigma_z) \end{cases} \tag{5-39}$$

将按式(5-39)计算得到的应力代入式(5-35)就可得到纤维与试件轴向存在夹角情况时的 Hill-蔡强度理论表达式。

5.4　径向压缩失效简化理论分析

前面基于体积不可压假设对正交各向异性圆柱试件在轴向稳态压缩过程中的应力场进行了分析，从分析结果可知，最大径向应力和环向应力均出现在圆柱体中心线上，圆周边界上径向应力为零。轴压下圆柱体由于试件中心附近变形位移受到约束，其宏观破坏通常从圆柱边界上开始，对于抗拉强度较低的材料试件，通常表现为圆周位置材料首先发生拉伸破坏，再逐渐向圆柱中心扩展，如图 5-4(a)所示。以正交各向异性圆柱木材块沿顺纹受压产生环向拉伸破坏为例，受木材纤维分布影响，其径向强度和环向强度远低于生长方向强度，因此沿木材生长方向截取圆柱试件，其环向抗拉强度相对较低，在压缩作用下将会在试件圆周边界上产生拉伸破坏，如云杉木材圆柱试件在轴压作用下产生如图 5-4(b)所示射线状破坏。

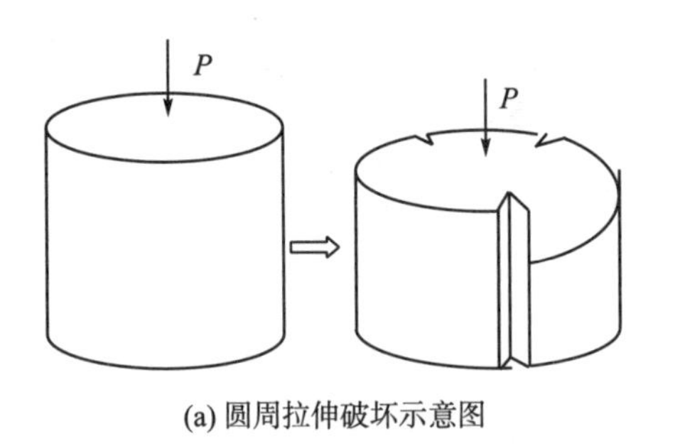

(a) 圆周拉伸破坏示意图

(b) 木材轴压破坏图

图 5-4 轴压下圆柱试件环向拉伸破坏

从上述分析可知，在整个圆柱面上作用载荷，试件圆周边界将产生辐射状裂纹，而对于圆柱面局部受压作用时，通常会在压缩位置产生凹坑，并伴随裂纹。如弹丸侵彻混凝土、岩石类靶体时，混凝土、岩石类材料压缩强度远大于其拉伸强度，因此通常在靶体撞击部位产生凹坑的同时还伴随数道以凹坑为中心的射线裂纹，如图 5-5 所示。

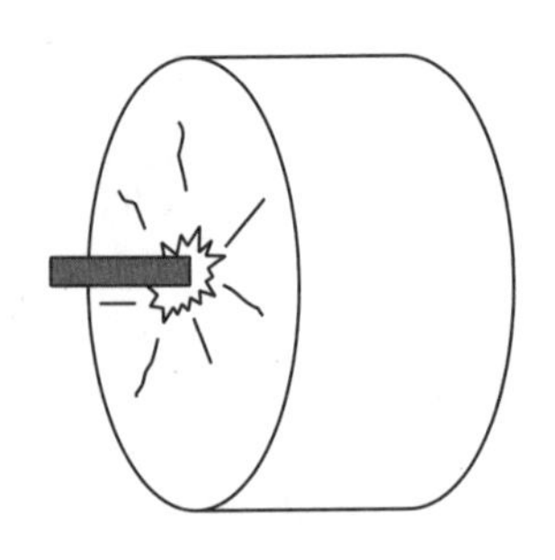

图 5-5 弹侵彻混凝土靶示意图

从弹靶相互作用原理可知，弹体在侵彻过程中除对靶体产生轴向冲击作用外，随着弹体的侵入还对靶体产生径向挤压作用。忽略靶体破碎区物质，可将弹体对靶产生的径向作用等效为均布压力 q，利用如图 5-6 所示的内压圆盘模型，对靶面内的应力分布进行计算，分析裂纹形成的机制。

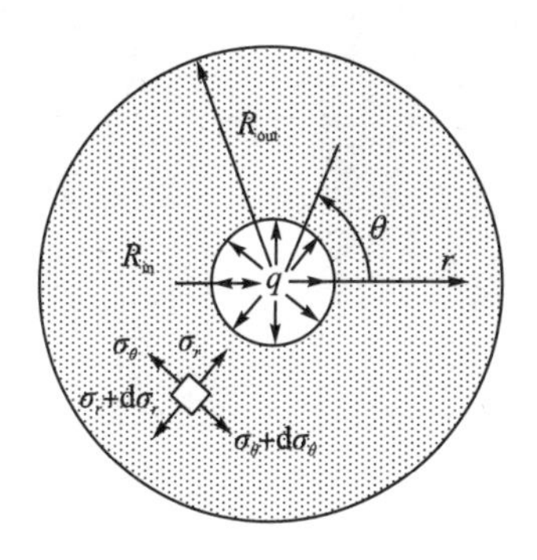

图 5-6　内压圆盘示意图

图 5-6 中，R_{in} 为圆盘内半径(靶体开孔尺寸)；R_{out} 为圆盘外半径，即靶体变形后的外半径。在轴对称条件下的平衡方程可写为

$$\frac{d\sigma_r}{dr}+\frac{\sigma_r-\sigma_\theta}{r}=0 \tag{5-40}$$

参照圆筒受均布压力解析方法[23]，可知式(5-40)的应力解为

$$\sigma_r=\frac{qR_{in}^2}{R_{out}^2-R_{in}^2}\left(1-\frac{R_{out}^2}{r^2}\right) \tag{5-41}$$

$$\sigma_\theta=\frac{qR_{in}^2}{R_{out}^2-R_{in}^2}\left(1+\frac{R_{out}^2}{r^2}\right) \tag{5-42}$$

由式(5-41)和式(5-42)可知，径向应力 σ_r 小于零，为压应力，随着半径的增大其绝对值逐渐变小；环向应力 σ_θ 为拉应力，随着半径增大逐渐减小，因此圆盘内边界上环向拉应力具有极大值：

$$(\sigma_\theta)_{max}=\frac{q(R_{in}^2+R_{out}^2)}{R_{out}^2-R_{in}^2} \tag{5-43}$$

由此可知在忽略靶体破碎区域时，弹丸侵彻混凝土、岩石靶体时在其开孔圆形边界上，环向拉伸应力具有式(5-43)最大值，混凝土、岩石类材料抗拉强度较低，因此在环向拉伸应力作用下，靶体开孔附近将形成以着靶点为中心的射线状裂纹，如图 5-7 所示。

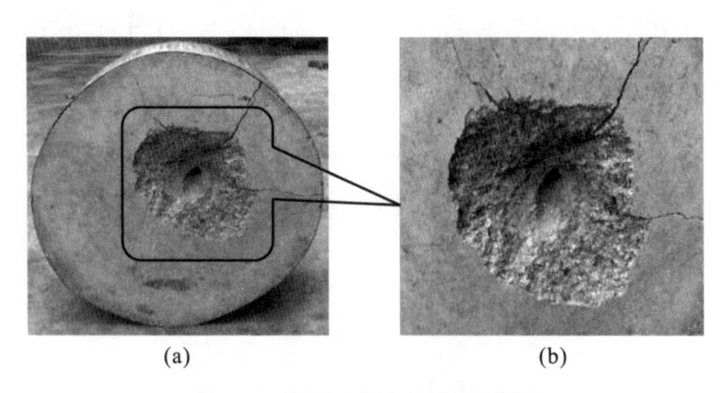

图 5-7 混凝土靶辐射型裂纹图

5.5 本章小结

本章基于材料体积不可压假设和最大拉伸应变破坏准则，对轴向压缩作用下圆柱试件进行分析，得到试件圆周产生拉伸破坏时的临界轴向载荷。并对轴向载荷作用下试件截面内的径向和环向应力进行计算，结果表明对于正交各向异性材料，试件环向和径向应力分布为半径的幂函数形式；对于横观各向同性材料，试件环向和径向应力分布为半径的二次函数，其应力分布表达式与文献[23]圆盘匀速转动应力分布函数相似。在圆柱试件中心线上环向和径向应力相等，且均具有最大值；试件圆周边界上径向应力为零，环向应力具有极小值。

运用 Hill-蔡强度理论对试件圆环面上失效行为进行描述，轴向载荷作用下试件圆周面失效准则不仅取决于轴向应力大小和材料的基本力学性能，还与试件轴向变形的应变率和应变率随时间的变化率有关；相关研究结果可以解释木材顺纹轴压产生环向破坏，混凝土、岩石类拉压强度差异较大材料在弹丸侵彻作用下产生环向拉伸，呈现射线状裂纹现象。

参 考 文 献

[1] Cazacu O, Plunkett B, Barlat F. Orthotropic yield criterion for hexagonal closed packed metals[J]. International Journal of Plasticity, 2006, 22(7): 1171-1194.

[2] Plunkett B, Cazacu O, Barlat F. Orthotropic yield criteria for description of the anisotropy in tension and compression of sheet metals[J]. International Journal of Plasticity, 2008, 24(5): 847-866.

[3] 曾纪杰, 傅衣铭. 正交各向异性圆柱壳的弹塑性屈曲分析[J]. 工程力学, 2006, 23(10): 25-29.

[4] Abd-Alla A M, Farhan A M. Effect of the non-homogenity on the composite infinite cylinder of orthotropic material[J]. Physics Letters A, 2008, 372(6): 756-760.

[5] 田燕萍, 傅衣铭. 考虑损伤效应的正交各向异性板的弹塑性后屈曲分析[J]. 应用数学与力学, 2008, 29(7): 764-774.

[6] Bischoff J E, Arruda E M, Grosh K. Finite element simulations of orthotropic hyperelasticity[J]. Finite Elements in Analysis and Design, 2002, 38(10): 983-998.

[7] Romashchenko V A, Tarasovskaya S A. Numerical studies on the dynamic behavior of multilayer thick-walled cylinders with helical orthotropy[J]. Strength of Materials, 2004, 36(6): 621-629.

[8] Redekop D. Buckling analysis of an orthotropic thin shell of revolution using differential quadrature[J]. International Journal of Pressure Vessels and Piping, 2005, 82(8): 618-624.

[9] Grigorenko Y M, Rozhok L S. Influence of orthotropy parameters on the stress state of hollow cylinders with elliptic cross-section[J]. International Applied Mechanics, 2007, 43(12): 1372-1379.

[10] Xu H M, Yao X F, Feng X Q, et al. Fundamental solution of a power-law orthotropic and half-space functionally graded material under line loads[J]. Composites Science and Technology, 2008, 68(1): 27-34.

[11] Emery T R, Dulieu-Barton J M, Earl J S, et al. A generalised approach to the calibration of orthotropic materials for thermoelastic stress analysis[J]. Composites Science and Technology, 2008, 68(3/4): 743-752.

[12] Capsoni A, Corradi L, Vena P. Limit analysis of orthotropic structures based on Hill's yield condition[J]. International Journal of Solids and Structures, 2001, 38(22/23): 3945-3963.

[13] Valot E, Vannucci P. Some exact solutions for fully orthotropic laminates[J]. Composite Structures, 2005, 69(2): 157-166.

[14] Ma G W, Gama B A, Gillespie Jr J W. Plastic limit analysis of cylindrically orthotropic circular plates[J]. Composite Structures, 2002, 55(4): 455-466.

[15] Shipsha A, Berglund L A. Shear coupling effects on stress and strain distributions in wood subjected to transverse compression[J]. Composites Science and Technology, 2007, 67(7/8): 1362-1369.

[16] Mackenzie-Helnwein P, Müllner H W, Eberhardsteiner J, et al. Analysis of layered wooden shells using an orthotropic elasto-plastic model for multi-axial loading of clear spruce wood[J]. Computer Methods in Applied Mechanics and Engineering, 2005, 194(21-24): 2661-2685.

[17] Lyons C K. Stress functions for a heterogeneous section of a tree[J]. International Journal of Solids and Structures, 2002, 39(18): 4615-4625.

[18] Lyons C K, Guenther R B, Pyles M R. Elastic equations for a cylindrical section of a tree[J]. International Journal of Solids and Structures, 2002, 39(18): 4773-4786.

[19] Galicki J, Czech M. Tensile strength of softwood in LR orthotropy plane[J]. Mechanics of Materials, 2005, 37(6): 677-686.

[20] 徐卫亚, 张贵科. 节理岩体正交各向异性等效强度参数研究[J]. 岩土工程学报, 2007, 29(6): 806-810.

[21] 钟卫洲, 宋顺成, 陈刚, 等. 正交各向异性圆柱体在轴压作用下的应力场[J]. 应用数学和力学, 2010, 31(3): 285-294.

[22] Zhong W Z, Song S C, Chen G, et al. Stress field of orthotropic cylinder subjected to axial compression[J]. Applied Mathematics and Mechanics, 2010, 31(3): 305-316.

[23] 徐芝纶. 弹性力学[M]. 北京: 高等教育出版社, 1990: 93-97.

第6章　木材失效行为的多尺度数值分析

木材微观结构由规则排列聚合物胞元构成，胞元结构排列模式导致了其宏观力学行为的各向异性，形成了沿顺纹、横纹径向和横纹弦向三个方向的材料对称轴[1, 2]。由于木材沿横纹径向和横纹弦向的力学行为基本相似，通常采用横观各向同性本构模型近似描述其力学特性。近年来，学者针对木材宏观各向异性和胞元结构分布特性开展了很多研究工作[3-5]。采用材料实验机测试准静态和低应变率力学性能及失效行为，运用 Hopkinson 设备测试高应变率力学性能[6, 7]，通过扫描电镜观察木材胞元结构尺寸与排列分布[8-10]。

宽平台应力是木材压缩性能的典型特征，压缩作用下胞壁结构发生屈曲，当胞元空间填满后，压缩应力急剧增加[11-13]，目前已被作为缓冲材料用于放射性材料包装缓冲结构[14, 15]。随着计算技术的发展，数值模拟成为解决工程分析问题最经济快捷的途径之一。近年来研究者针对木材力学行为开展了大量数值模拟工作，Vasic 等[16, 17]提出了分析木材断裂失效行为数值模型，提高了木材大变形破坏再现能力；Dubois 等[18]采用 Kelvin-Voigt 模型分析了木材黏弹性性能和应变累积行为与微观成分含量的关系。公开文献资料研究表明，已有研究工作主要基于实验和数值模拟研究不同加载速率、温度和含水率下木材力学行为，而针对宏观力学特性与其微观结构关系方面的研究相对较少。木材微观结构特征决定了其宏观各向力学行为，同时木材微观纤维到胞元结构涵盖了纳观和微观尺度，因此采用多尺度有限元分析木材细观组织对宏观性能的影响很有意义，有助于建立其宏观性能与微观结构的关系。

鉴于此，本章针对云杉木材沿顺纹和横纹加载下的大变形行为进行数值分析，分别建立单根云杉纤维和胞元结构代表体积元模型。通过数值模拟获得不同加载方向下应力平台形状和微观结构失效模式，分析载荷方向和加载速度对云杉微观失效模式的影响[19]。

6.1 压缩载荷曲线与宏细观变形特征

第 2 章针对尺寸为 20mm×20mm×30mm 的云杉试件沿顺纹、横纹径向和横纹弦向开展准静态压缩实验，测试获得了云杉三个方向在准静态压缩作用下的破坏模式和应力-应变曲线，见图 6-1。从图 6-1 可以看出，云杉木材在压缩作用下经历弹性、屈服及致密三个过程，顺纹方向加载破坏形式表现为木材纤维轴向屈曲、褶皱；横纹径向和横纹弦向加载失效行为表现为木材纤维间的滑移破坏。木材细观胞元组织结构排列方式导致了不同方向加载下材料应力-应变曲线和宏观变形破坏模式的差异。

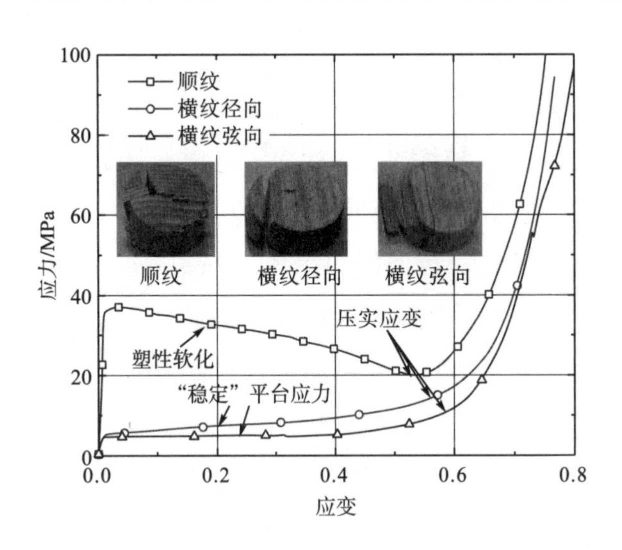

图 6-1　不同方向压缩应力-应变关系

云杉属于松类针叶林树种，通过扫描电镜观察到的微观结构如图 6-2 所示。胞壁结构由纤维素、半纤维素和木质素组成，胞壁四周呈现许多纹孔，表现出针叶林木材的典型特征。胞管直径为 20～80μm，形成的内腔用于水分的传输，早材胞元具有直径较大、壁薄特点，而晚材胞元尺寸相对偏小，胞壁较厚[20]。

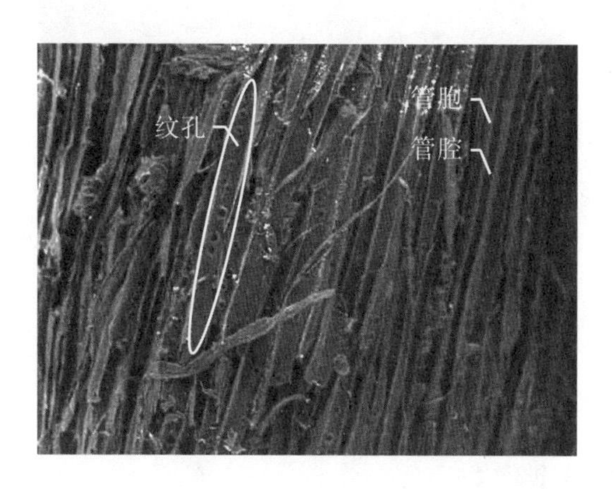

图 6-2　云杉微观结构

顺纹压缩作用下云杉微观结构变形如图 6-3 所示，可以看出胞壁结构在压缩作用下发生失稳，产生屈曲现象。顺纹压缩屈曲失稳导致出现如图 6-1 所示的应力-应变曲线产生突变现象，最终胞壁压缩形成多层褶皱。而对于横纹径向和横纹弦向压缩，木材微观结构变形模式基本一致，典型失效模式如图 6-4 所示。横向压缩作用下胞元结构壁发生循序坍塌，整个变形过程比较稳定，形成了如图 6-1 所示的横纹压缩宽平台应力现象。

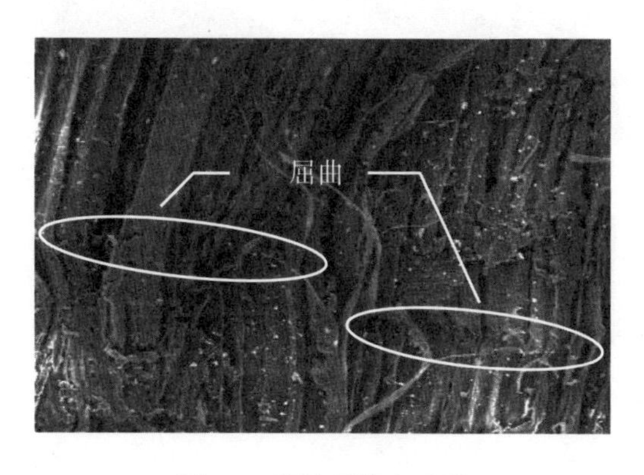

图 6-3　顺纹压缩变形图

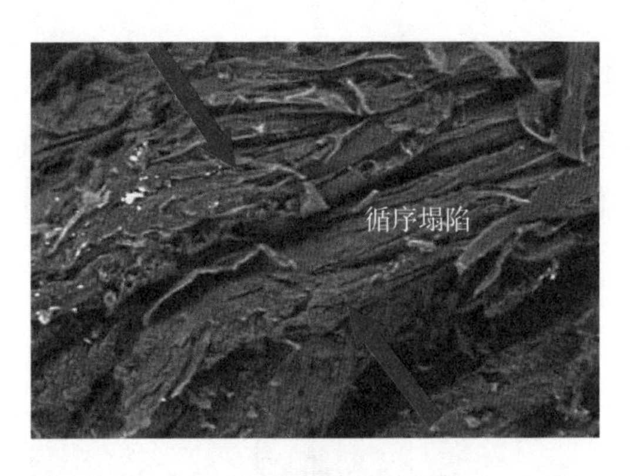

图 6-4 横纹压缩变形图

6.2 单根纤维力学性能分析

6.2.1 单根纤维模型建立

云杉微纤维由木质素、半纤维素、(非)晶态组织构成，各成分空间分布呈周期排布；其中半纤维素属于低强度聚合物，其强度与含水率紧密相关，高含水量导致其强度降低；木质素属于非晶态聚合物，可以提高木材剪切强度，其力学性能相对比较稳定，不易受含水率影响；结合公开文献[21]，建立的云杉单根纤维模型如图 6-5 所示。

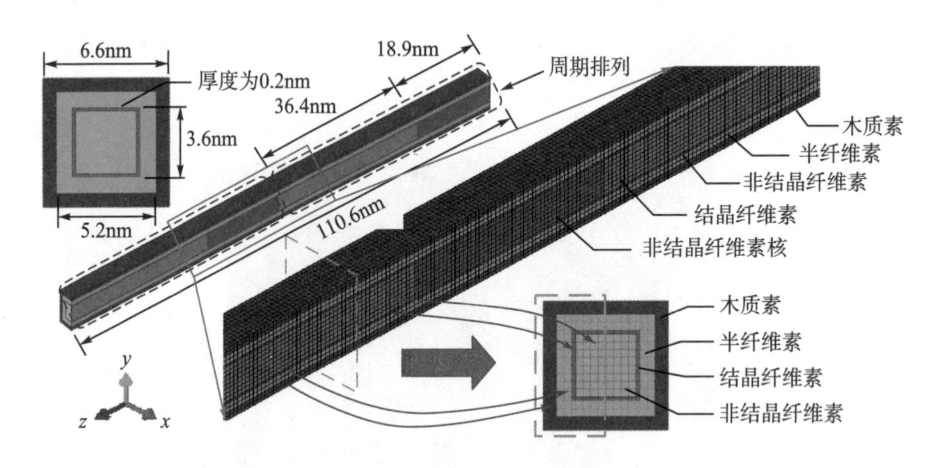

图 6-5 云杉单根纤维模型

从图 6-5 可以看出，微纤维为正方形截面，(非)晶态组织在木质素围成的腔体内呈周期排列，数值模拟涉及的云杉纤维主要成分的基本力学性能参数如表 6-1 所示。

表 6-1　云杉纤维主要成分的基本力学性能参数

主要成分	密度/(kg/m^3)	弹性模量/GPa			泊松比		
木质素	1450	1.56			0.30		
半纤维素	1500	0.04			0.20		
非晶态组织	1500	10.42			0.23		
结晶组织	1590	E_{11}	E_{22}	E_{33}	v_{12}	v_{23}	v_{31}
		134	27.20	27.20	0.05	0.5	0.01

6.2.2　单根纤维数值模拟

图 6-5 所示的云杉纤维有限元模型包含 99997 个节点和 89424 个单元，通过对准静态压缩作用下纤维力学响应进行数值模拟，获得了轴向压缩作用下纤维的变形与应力分布情况，如图 6-6 所示。可以看出在轴向作用下非结晶组织部位为相对薄弱位置，出现屈曲失稳现象。计算获得的云杉纤维沿顺纹压缩应力-应变曲线如图 6-7 所示。由图 6-7 可以看出，随着载荷增大，纤维发生屈曲失稳变形，从而导致应力突然下降。

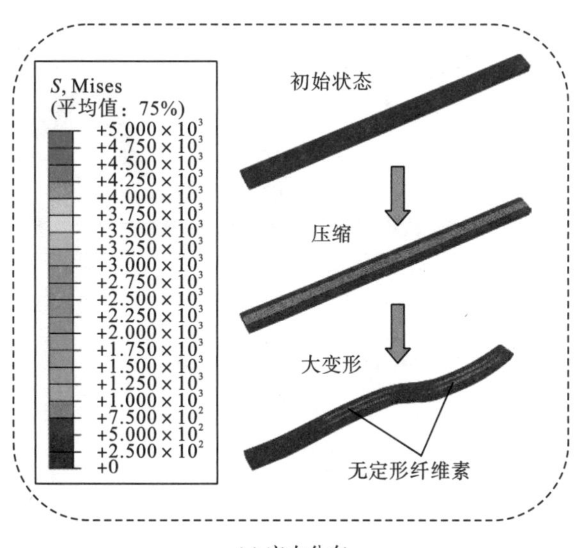

(a) 应力分布

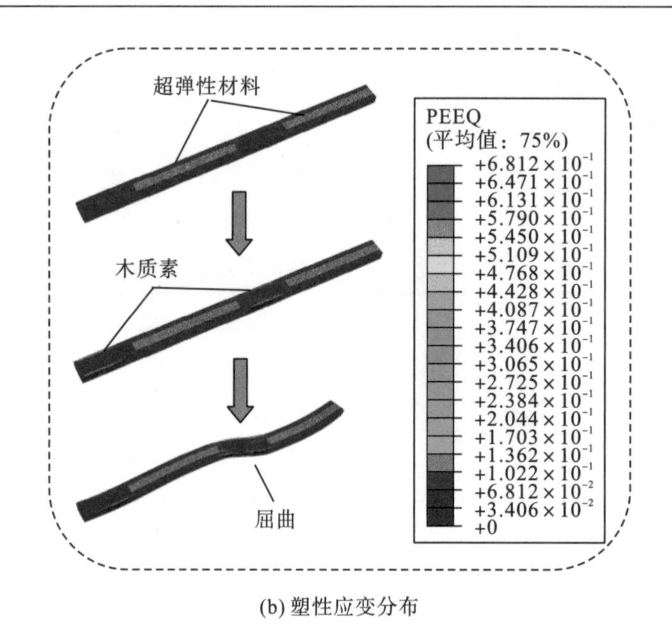

(b) 塑性应变分布

图 6-6 云杉纤维等效应力与变形分布

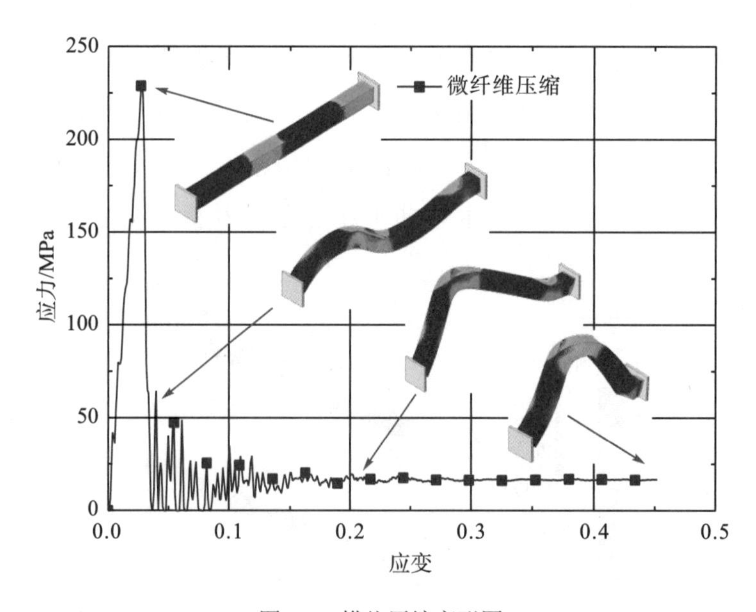

图 6-7 横纹压缩变形图

根据图 6-7 曲线中的初始线性增长段，可根据式(6-1)近似计算纤维的等效弹性模量 E_{eq}。纤维的等效密度可通过式(6-2)由纤维各成分密度

ρ_i 和体积分数 V_i 计算，相应等效参数如表 6-2 所示。

$$E_{\mathrm{eq}} = \frac{\mathrm{d}\sigma}{\mathrm{d}\varepsilon} \tag{6-1}$$

$$\rho_{\mathrm{eq}} = \sum_{i=1}^{i=n} \rho_i V_i \tag{6-2}$$

表 6-2　云杉微结构组织等效材料参数

名称	密度/(kg/m³)	弹性模量/GPa	泊松比
云杉组织	1490	5.84	0.4

6.3　云杉胞元结构压缩数值模拟

6.3.1　代表体积元模型

从第 1 章云杉横截面细观结构图(图 1-2)可以看出木材胞元结构的排布形式，发现一些胞元截面近似正六边形，一些胞元截面近似圆形。胞元结构尺寸介于 15～60μm。胞元结构排列模式导致了宏观力学性能各向异性，因此可采用代表体积元模型进行简化模拟，分析木材各向异性行为与失效机制。考虑到横纹径向与横纹弦向力学性能基本相似，忽略了孔壁上的纹孔，将云杉胞孔分别近似看作正六边形或圆形，建立相应的代表体积元模型。

图 6-8 为正六边形胞孔建立的正方体代表体积单元模型，模型外轮廓棱边长为 425μm，孔隙率为 73.27%，胞壁厚度为 5μm。图 6-9 为圆形胞孔建立的正方体代表体积单元模型，模型外轮廓棱边长为 420μm，孔隙率为 66.28%，圆形孔半径为 15μm，相邻孔间的圆心距离为 15μm。通过采用 ABAQUS 有限元分析软件对两种代表体积元模型进行建模，可分析不同加载速率下微结构的应力-应变曲线和变形失效模式。

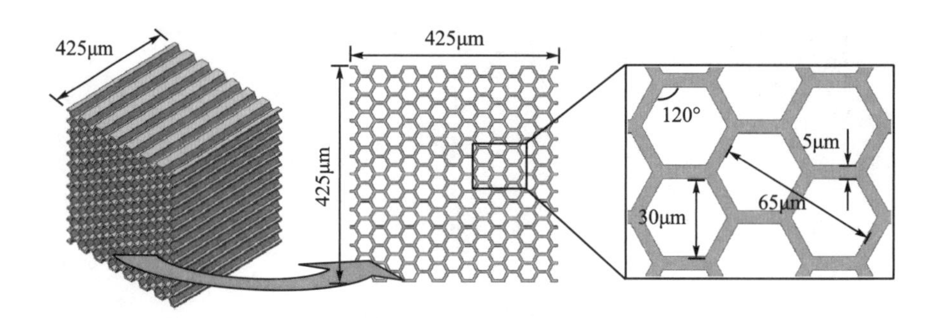

图 6-8 云杉代表体积单元模型(正六边形胞孔)

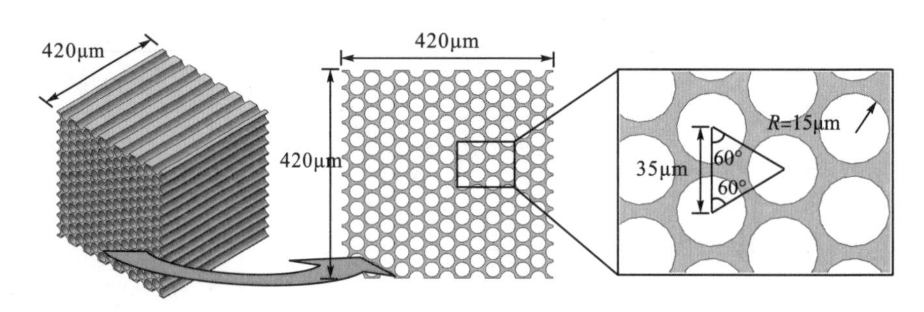

图 6-9 云杉代表体积元模型(圆形胞孔)

6.3.2 准静态顺纹压缩数值模拟

1. 正六边形胞孔模型顺纹压缩

基于图 6-8 所示的正六边形胞孔体积元模型，沿顺纹方向开展准静态压缩数值分析,得到的顺纹压缩应力-应变曲线如图 6-10 所示。图 6-10 呈现了木材顺纹压缩经历的弹性、平台和压实三个阶段。可以看出，随着载荷逐渐增加，代表体积元表面沿顺纹方向 45° 出现一条剪切滑移带。当应变大于 0.1 时，应力随应变增加而快速下降；随着剪切带的循序滑移，应力进入幅值相对稳定的长平台段。当变形达到约 0.85 时，材料内部空隙被逐渐压实，应力随变形增大而快速增长。

代表体积元模型在顺纹压缩作用下的变形失效过程如图 6-11 所示。可以看出，45° 剪切滑移和胞壁屈曲褶皱是木材微结构失效的主要特征，顺纹压缩下木材主要通过剪切断裂面的不断形成和胞壁塑性褶皱耗散能量。胞壁结构在变形约 0.1 时发生局部屈曲坍塌，导致如图 6-10 所示的应力曲线的突降。

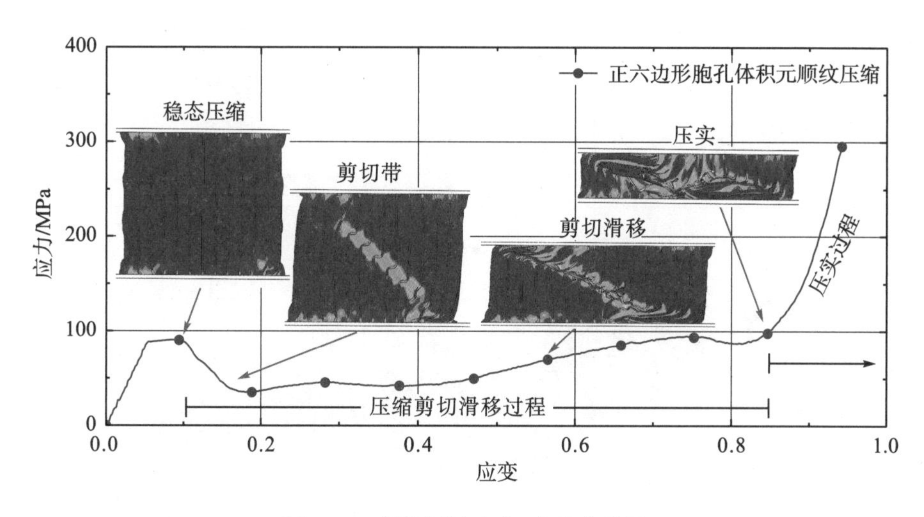

图 6-10　顺纹压缩应力-应变曲线图

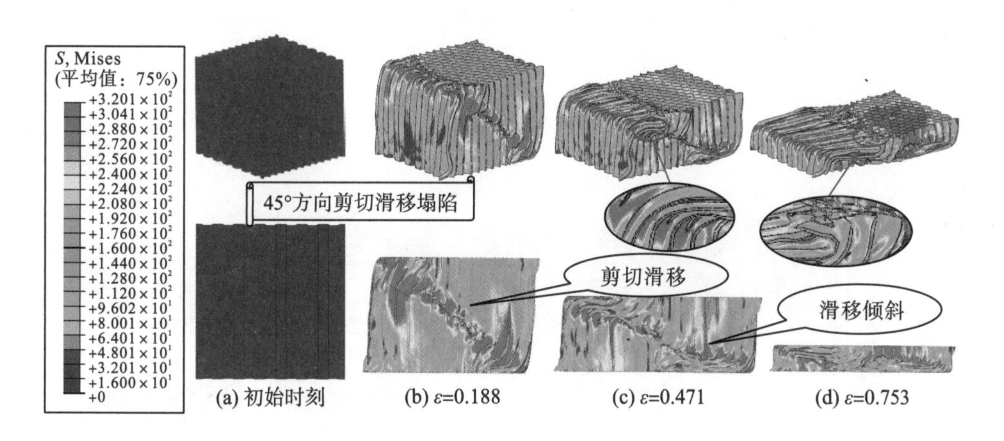

图 6-11　顺纹压缩变形失效过程图

2. 圆形胞孔模型顺纹压缩

针对圆形胞孔体积元模型顺纹准静态压缩计算获得的顺纹压缩应力-应变曲线如图 6-12 所示，与图 6-10 曲线相似，应力曲线体现了木材顺纹压缩经历的三个阶段。由于正六边形与圆孔代表体积元具有不同胞孔形状和孔隙率，导致两种代表体积元获得的弹性极限值有所差异，低孔隙率的圆形胞孔代表体积元弹性极限值相对大一些。当变形达到 0.18

时应力突降，随后进入长平台段；当变形达到 0.85 时，材料逐渐进入压实过程，应力急剧增加。与正六边形胞孔代表体积元相同，圆孔胞元模型在顺压缩作用下的失效模式主要为 45° 剪切滑移和胞壁屈曲褶皱，几种指定变形情况下胞元结构的变形情况如图 6-13 所示。

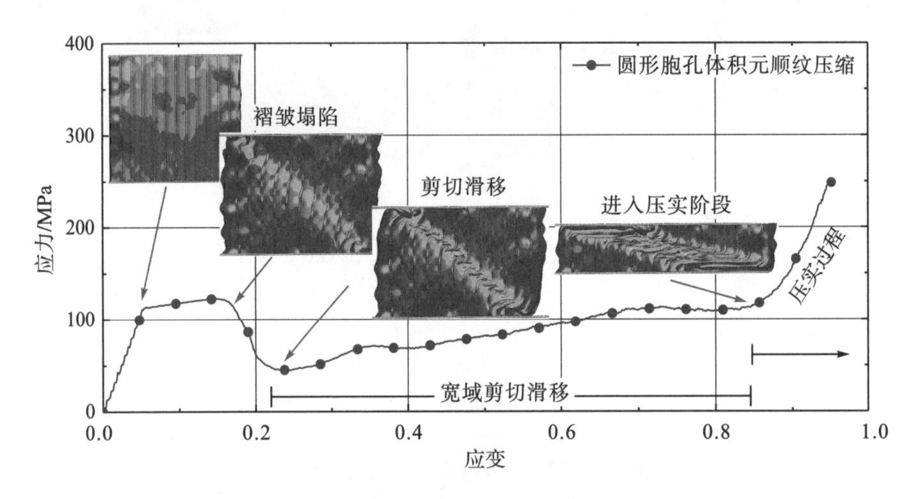

图 6-12 顺纹压缩应力-应变曲线图

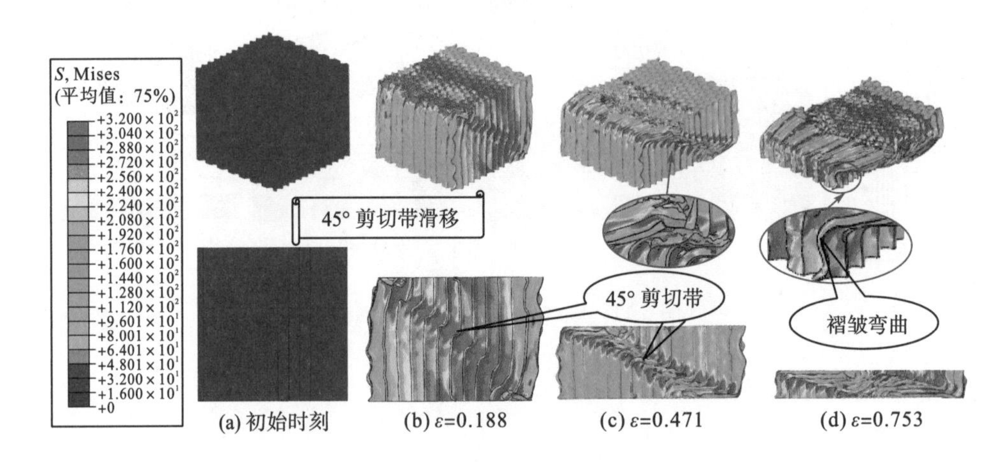

图 6-13 顺纹压缩变形过程图

3. 不同模型顺纹压缩比较

采用不同代表体积元模型数值分析和云杉顺纹准静态压缩实验获得的应力-应变曲线如图 6-14 所示。数值模拟时采用的不同代表体积元模型均忽略胞壁上的纹孔，将木材视为无缺陷结构考虑，增加了胞壁的结构强度，导致图中采用正六边形、圆形胞孔代表体积元获得的数值结果明显高于实验值，且屈服应力到平台应力段的应力突降更明显。由于圆孔代表体积元孔隙率为 66.28%，低于正六边形体积元孔隙率(73.27%)，故在图 6-14 中用圆形胞孔模型计算得到的应力曲线具有更高幅值。由此可以看出，与实验测试结果相比，采用正六边形胞孔具有相对好的模拟结果，这也说明胞孔形状、胞元分布形式和孔隙率等因素均会影响代表体积元计算结果。

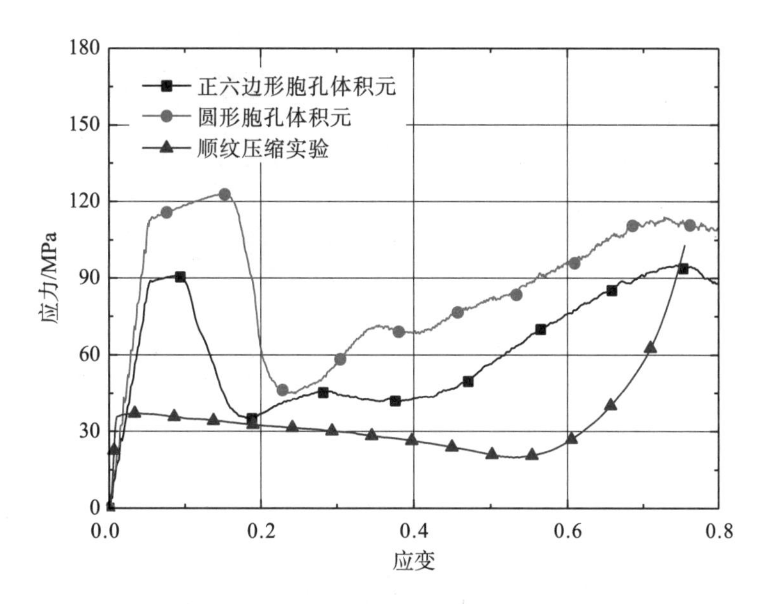

图 6-14　不同模型顺纹压缩应力-应变曲线

6.3.3　准静态横纹压缩数值模拟

1. 正六边形胞孔模型横纹压缩

图 6-15 为正六边形胞孔代表体积元模型横纹静态压缩模拟曲线，可以看出横纹方向压缩载荷作用下应力随应变单调增加，胞孔在压缩过程中逐渐变小，最终被压实。应力-应变曲线三阶段现象比较明显。相对于顺纹压缩，横纹压缩过程中材料垂直于载荷方向变形较小，横

纹压缩应力值更低，在进入压实段前可视为体积可压缩过程。代表体积元在横纹压缩下的变形失效过程如图 6-16 所示，可以看出，正六边形胞孔在压缩作用下产生褶皱屈曲，胞元垂直于顺纹方向产生滑移破坏，正方体多孔结构最终变成致密板状。在横纹压缩作用下，胞元结构变形失效在结构中循序产生，胞元褶皱屈曲和胞元间的剪切滑移过程稳定，因此在图 6-15 中变形为 0.10～0.65，应力曲线无振荡，平台值比较稳定。

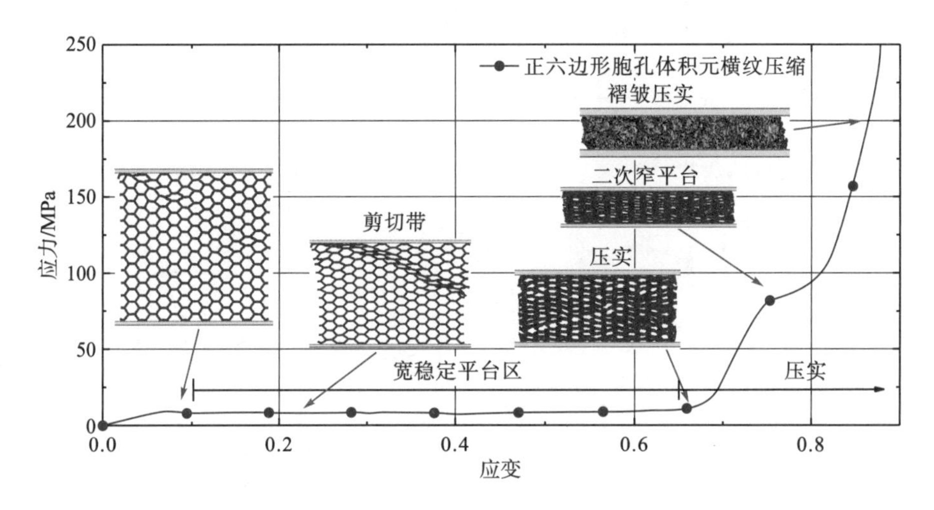

图 6-15 正六边形胞孔代表体积元模型横纹静态压缩模拟曲线

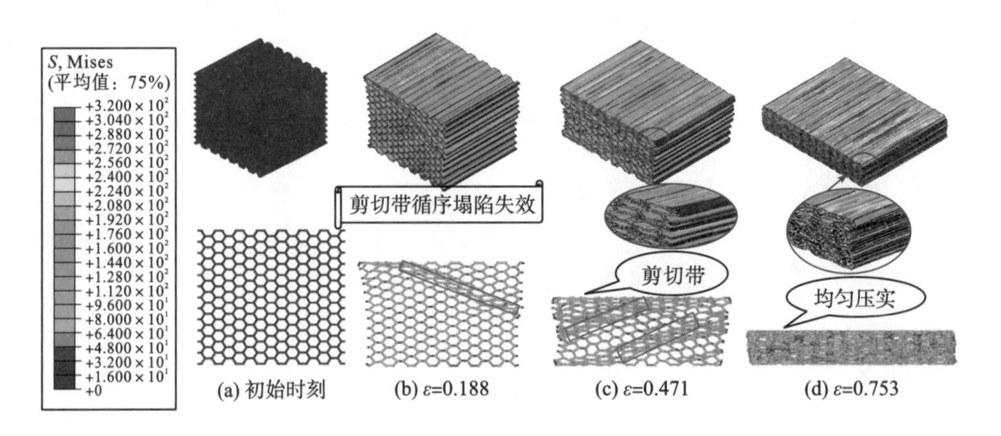

图 6-16 横纹压缩变形过程图

2. 圆形胞孔模型横纹压缩

图 6-17 为圆形胞孔代表体积元横纹压缩应力-应变曲线，其形式与图 6-15 中正六边形胞孔模型压缩曲线相似。圆形胞孔模型孔隙率相对低一些，导致其应力平台相对较高。横纹压缩变形过程如图 6-18 所示，可以看出圆形胞孔屈曲塌陷、形成多条剪切带滑移为主的失效模式，其变形特点与图 6-16 中正六边形胞孔模型相似，在此不再赘述。

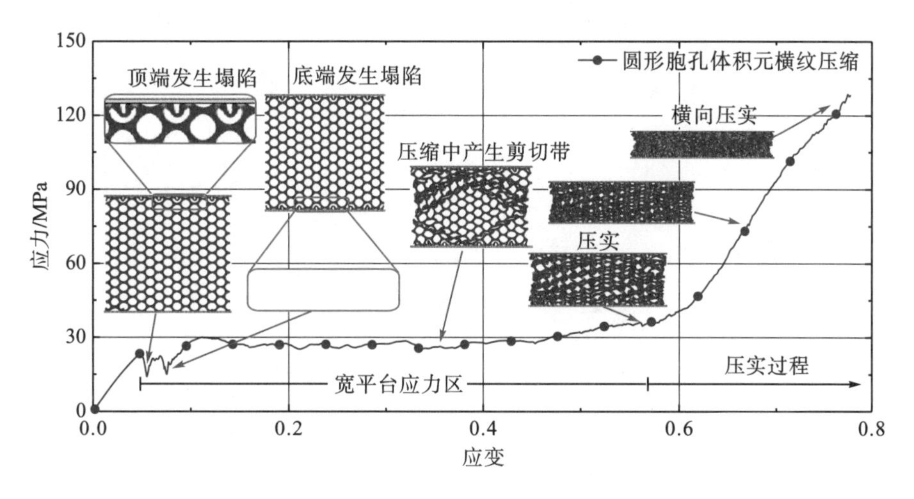

图 6-17　圆形胞孔代表体积元横纹压缩应力-应变曲线

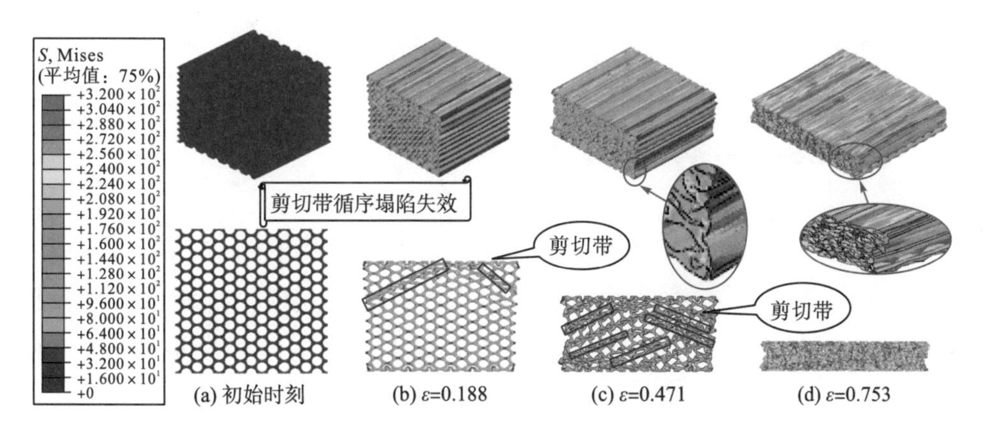

图 6-18　横纹压缩变形过程图

3. 不同模型横纹压缩比较

图 6-19 为不同模型横纹压缩应力-应变曲线，可以看到正六边形胞孔模型计算结果与云杉横纹径向、横纹弦向压缩曲线基本吻合。圆形胞孔模型孔隙率较低，导致其应力幅值远高于其他三种情况，同时进入压实阶段对应的变形(约 0.6)相对于其他几种情况(约 0.65)要低。

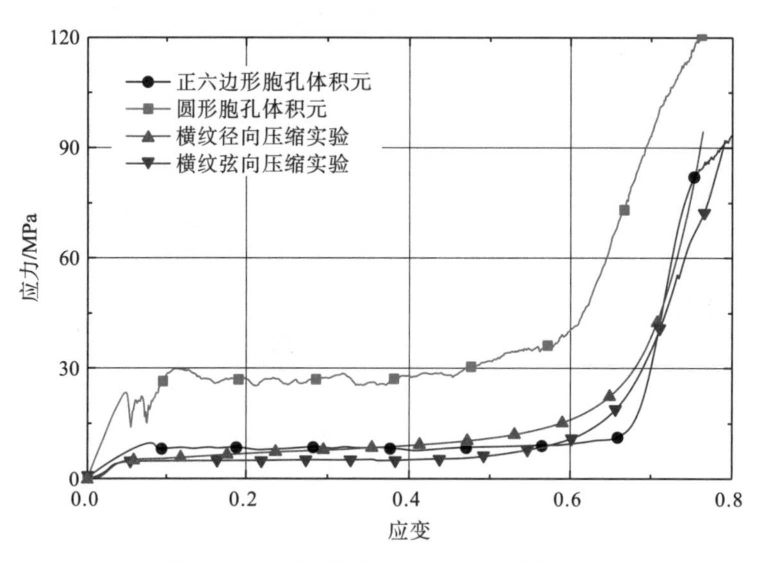

图 6-19　不同模型横纹压缩应力-应变曲线

6.4　加载速度对云杉细观结构压缩行为影响分析

6.4.1　加载速度对顺纹压缩行为影响分析

从前面计算分析可以看出，采用正六边形胞孔模型计算结果相对好一些，因此基于图 6-8 中正六边形胞孔代表体积元模型，通过数值模拟分析不同加载速度对云杉微结构顺纹压缩失效变形行为的影响。数值模拟中分别采用准静态加载、低速加载(加载速度：5m/s)、中速加载(加载速度：50m/s)和高速加载(加载速度：500m/s)，获得的应力-应变曲线如图 6-20 所示。可以看出冲击速度对应力应变曲线幅值影响较大；

当加载速度为 50m/s 时，应力振荡十分剧烈，应力峰值高达 960MPa，远高于其他几种加载情况。当采用准静态加载、低速加载和中速加载时，应力应变曲线趋势基本一致，准静态加载产生的应力幅值相对较低，应力应变曲线更光滑。由此看出应力幅值随着加载速度增加而增加，但高速加载同时导致应力曲线高频振荡。

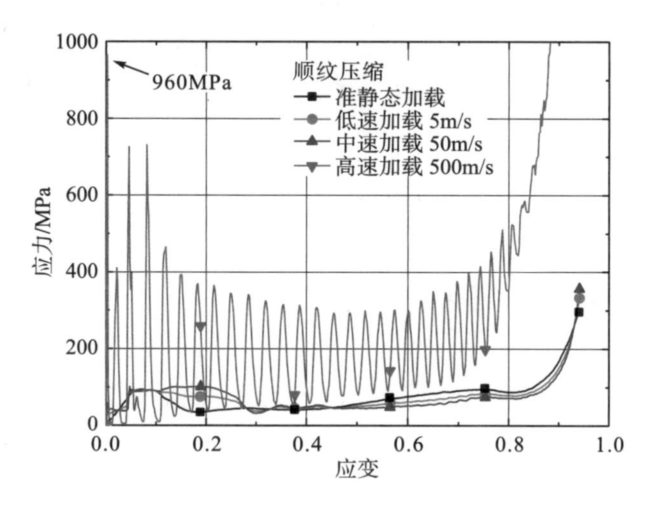

图 6-20　不同速度顺纹压缩下应力-应变曲线

不同加载速度作用下代表体积元变形过程如图 6-21 所示，可以看出失效模式与加载速度紧密相关。对于准静态加载和低速加载，木材失效模式主要体现为 45° 剪切破坏，如图 6-21(a)和(b)所示。当加载速度增加到 50m/s 时，微观结构没有产生明显剪切失效，破坏模式主要表现为褶皱和坍塌，如图 6-21(c)所示。当加载速度为 500m/s 时，代表体积元表现出与其他情况明显不同的模式，破坏从冲击端向另一端发展，撞击端产生花瓣状破坏，此现象与 Taylor 冲击实验现象相似。即高速加载造成微观结构快速屈曲褶皱破坏，出现如图 6-20 所示的应力曲线高频振荡现象；而低速加载结构破坏以剪切滑移破坏为主，与之对应的应力应变曲线相对较光滑。

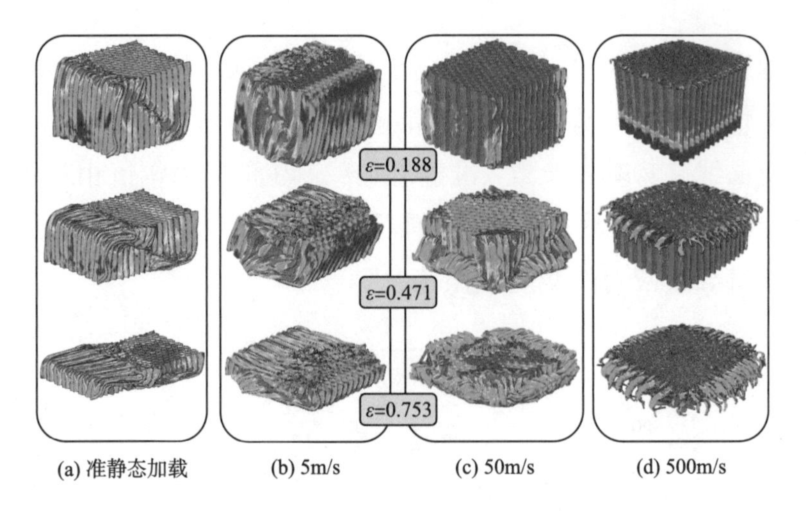

图 6-21 不同加载速度作用下体积元变形过程

6.4.2 加载速度对横纹压缩行为影响分析

针对横纹方向冲击压缩情况，同样通过数值模拟分析冲击速度对木材微观结构横纹压缩行为的影响，加载速度与前述顺纹加载一致。不同速度横纹压缩时的应力-应变曲线如图 6-22 所示，可以看出，与顺纹加载相似，当加载速度为 500m/s 时，横纹木材具有较高应力，应力峰值高达 620MPa。不同速度横纹压缩时的应力-应变曲线均具有较宽的应力

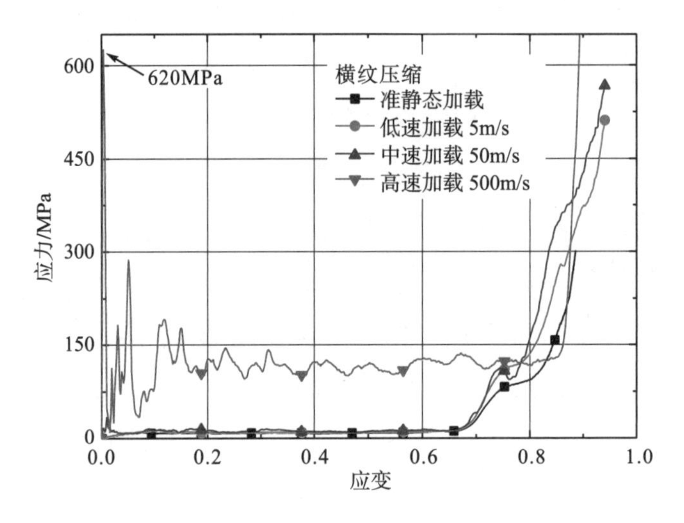

图 6-22 不同速度横纹压缩时的应力-应变曲线

平台，平台区域超过 60%变形；与图 6-20 顺纹压缩曲线相比，横纹压缩的应力平台更稳定。

不同速度横纹压缩下的变形失效如图 6-23 所示，可以看出在横纹压缩过程中微观结构变形比较稳定，主要以褶皱塌陷为主，没有剪切破坏产生。在速度较低的压缩过程中，微观结构整体变形较为均匀，当加载速度为 500m/s 时，变形破坏从冲击端开始，逐渐向另一端扩展。与顺纹加载情况相似，高速加载下结构变形具有局部性，从而导致图 6-22 中出现更高的应力平台。

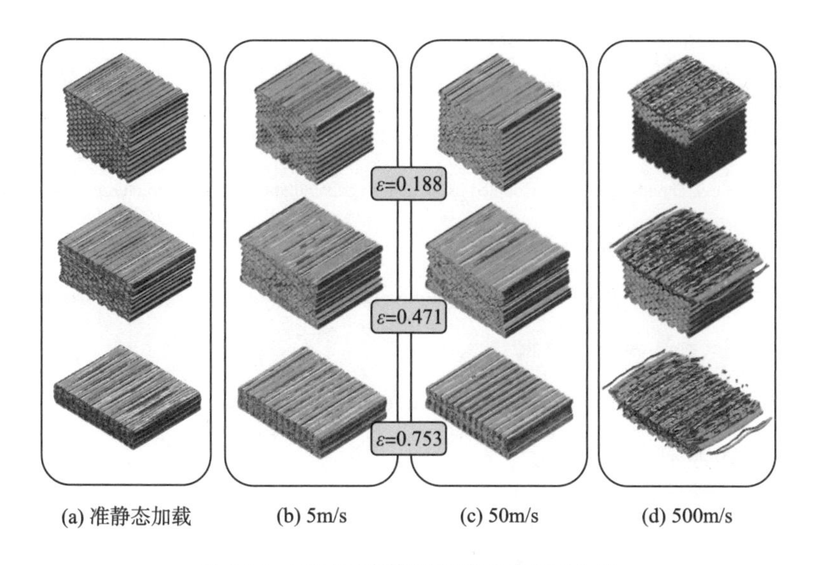

(a) 准静态加载　(b) 5m/s　(c) 50m/s　(d) 500m/s

图 6-23　不同速度横纹压缩下的变形失效

6.5　本 章 小 结

本章基于云杉木材微观结构形状和排列模式，建立了云杉代表体积单元模型，数值分析了几种速度顺纹、横纹压缩下木材微观结构大变形行为。通过计算分析认识了云杉各向异性和宽平台应力特性，可以发现，云杉细观胞元结构排列布局决定了其宏观力学行为，同时力学性能具有加载方向、速度相关性；剪切滑移和屈曲塌陷是木材顺纹压缩的主要失效模式，横纹压缩则体现为胞壁褶皱和循序塌陷；加载速率对顺纹压缩影响高于横纹方向加载，当高速加载时木材在轴向压缩下呈现花瓣形破坏，而横纹压缩则表现为压缩膨胀断裂。

参 考 文 献

[1] Bodig J, Jayne B A. Mechanics of Wood and Wood Composites[M]. New York: Van Nostrand Reinhold, 1981.

[2] Archer R R, Wilson B F. Mechanics of the compression wood response: I. Preliminary analyses[J]. Plant Physiology, 1970, 46(4): 550-556.

[3] Thibaut B, Gril J, Fournier M. Mechanics of wood and trees: Some new highlights for an old story[J]. Comptes Rendus de l'Académie des Sciences-Series IIB-Mechanics, 2001, 329(9): 701-716.

[4] Landis E N, Vasic S, Davids W G, et al. Coupled experiments and simulations of microstructural damage in wood[J]. Experimental Mechanics, 2002, 42(4): 389-394.

[5] Gindl W, Gupta H S, Schberl T, et al. Mechanical properties of spruce wood cell walls by nanoindentation[J]. Applied Physics A, 2004, 79(8): 2069-2073.

[6] Chen W, Lu F, Zhou B. A quartz-crystal-embedded split Hopkinson pressure bar for soft materials[J]. Experimental Mechanics, 2000, 40(1): 1-6.

[7] Song B, Chen W. Dynamic stress equilibration in split Hopkinson pressure bar tests on soft materials[J]. Experimental Mechanics, 2004, 44(3): 300-312.

[8] Chen W, Yu H P, Liu Y X, et al. Individualization of cellulose nanofibers from wood using high-intensity ultrasonication combined with chemical pretreatments[J]. Carbohydrate Polymers, 2011, 83(4): 1804-1811.

[9] Mott L, Shaler S M, Groom L H, et al. The tensile testing of individual wood fibers using environmental scanning electron microscopy and video image analysis[J]. Tappi Journal, 1995, 78(5): 143-148.

[10] Jansen S, Kitin P, de Pauw H, et al. Preparation of wood specimens for transmitted light microscopy and scanning electron microscopy[J]. Belgian Journal of Botany, 1998, 131(1): 41-49.

[11] Adalian C, Morlier P. A model for the behavior of wood under dynamic multiaxial compression[J]. Composites Science and Technology, 2001, 61(3): 403-408.

[12] Reiterer A, Lichtenegger H C, Fratzl P, et al. Deformation and energy absorption of wood cell walls with different

nanostructure under tensile loading[J]. Journal of Materials Science, 2001, 36(19): 4681-4686.

[13] Gong M, Smith I. Effect of load type on failure mechanisms of spruce in compression parallel to grain[J]. Wood Science and Technology, 2004, 37(5): 435-445.

[14] Johnson W. Historical and present-day references concerning impact on wood[J]. International Journal of Impact Engineering, 1986, 4(3): 161-174.

[15] Reid S R, Peng C. Dynamic uniaxial crushing of wood[J]. International Journal of Impact Engineering, 1997, 19(5): 531-570.

[16] Vasic S, Smith I, Landis E. Finite element techniques and models for wood fracture mechanics[J]. Wood Science and Technology, 2005, 39(1): 3-17.

[17] Vasic S, Smith I. Bridging crack model for fracture of spruce[J]. Engineering Fracture Mechanics, 2002, 69(6): 745-760.

[18] Dubois F, Randriambololona H, Petit C. Creep in wood under variable climate conditions: Numerical modeling and experimental validation[J]. Mechanics of Time-Dependent Materials, 2005, 9(2/3): 173-202.

[19] 钟卫洲, 邓志方, 魏强, 等. 不同加载速率下木材失效行为的多尺度数值分析[J]. 中国测试, 2016, 42(10): 79-84.

[20] Trtik P, Dual J, Keunecke D, et al. 3D imaging of microstructure of spruce wood[J]. Journal of Structural Biology, 2007, 159(1): 46-55.

[21] Vural M, Ravichandran G. Dynamic response and energy dissipation characteristics of balsa wood: Experiment and analysis[J]. International Journal of Solids and Structures, 2003, 40(9): 2147-2170.

第7章　含木材包装箱模型结构实验与数值分析

各类产品，尤其是武器装备，从研制到使用通常会经历交通运输（空运、车载）和装卸过程，在此过程中可能会遭遇意外事故、经历异常环境，为此需采用包装结构对产品进行有效保护，而包装结构对这些极端情况的耐受性如何，将很大程度上决定产品的安全性和有效性[1-4]。

包装结构及其内容物经历的异常环境通常包含跌落、火烧、水浸和穿刺等，这就要求抗事故包装结构具有承载、耐高温、防火、隔热和抗冲击等功能。国外针对军用抗事故包装结构的研究始于20世纪60年代，并于70年代投入生产使用，王保乾[5]、田春蓉[6]对其进行了分析总结。国内针对抗事故包装结构也进行了相应的研究，如李明海等[7, 8]对火灾环境下包装结构的热响应进行了研究，建立了热模型以及相应的计算方法。胡宇鹏等[9]研究了具有内热源的包装结构在不同压力下的传热特性。张鹏等[10]采用ANSYS软件对空空导弹包装箱在储运过程中的力学环境进行了有限元分析。李娜等[11]探索了包装结构跌落碰撞过程中屈服靶体与非屈服靶体速度关系等效的数学方法。

包装结构的冲击吸能能力是抗事故包装箱研究中的一个重要方面，学者采用实验、数值模拟等手段进行了各种研究。Michael等[12]给出了1/4、1/8比例模型以及全尺寸包装箱的冲击实验结果并进行了有限元分析。鲍平鑫和宁伟宇[13]利用CATIA建立三维模型，运用ADAMS对军用爆炸品包装箱铁路运输冲击进行了仿真研究。葛任伟等[14]基于能量转化的思想分析了抗事故包装箱跌落的典型情况，给出了端面跌落和底面跌落时缓冲层厚度的计算公式。

一般来说，对包装箱实物进行全尺寸实验是最可靠的方法，但原型实验不仅实验周期长，而且代价高昂，甚至难以进行，因此在吸能包装结构的设计过程中，采用模型实验和数值模拟两种方法相互配合是很有必要的。分析吸能包装结构的跌落，其本质为包装结构与地面的碰撞过程，而这种碰撞过程可以采用跌落以外的其他加载方式加以模拟。

鉴于此，本章在 Φ120mm 空气炮上对吸能包装结构进行了模型实验。对包装结构进行简化和缩比，确定模型试件，将其作为空气炮的弹丸，利用空气炮进行发射，撞击钢靶产生冲击碰撞，利用冲击响应过程模拟吸能包装结构跌落过程。在此基础上，根据模型实验工况开展了相应的数值模拟，获得了包装结构模型在撞击过程中的应力分布和塑性变形情况，并与模型实验结果进行了对比，其结果可为吸能包装结构设计提供参考[15]。

7.1　包装箱模型

模型实验是一种周期短、成本低的实验方法，能抓住物理本质，为数值模拟提供验证用实验数据，提高数值模拟置信度。模型实验的基本方法是根据相似性原理，模拟结构的几何形状、材料的物理力学特征以及载荷的作用形式，通过室内实验来获得模型的力学规律，为预测原型的变形和破坏提供资料[16-18]。针对抗事故包装箱的跌落冲击问题，周政等[19]进行了详细的量纲分析，建立了相似准则，并通过数值模拟证明了抗事故包装箱原型和模型的应力水平的一致性。

模型实验时很难做到完全满足相似条件，实际应用中的模拟方法大多采用简化模型，缩减计算模型规模，保证模拟能够进行，同时需保证不致因模型简化引起模拟结构与实际存在较大偏差。本章实验的试件根据空气炮口径进行缩比，在保证结构最小厚度的同时，并未严格按照相似准则进行缩比；基于质量等效考虑，将被保护体采用一定质量的 45 钢圆柱替代；同时给予包装缓冲结构一定的安全系数，以确保模型实验结果能为原型结构冲击安全评估提供支撑。

基于包装结构缩比模型的弹丸如图 7-1 所示，包括外钢壳、云杉木材和被保护体。其中，外钢壳尺寸为 Φ120mm×130mm，厚度为 1mm，材料为 20 钢；被保护体为 Φ72mm×78mm 圆柱体，材料为 45 钢；外钢壳与被保护体之间填充云杉木材，木材的顺纹方向(生长方向)指向被保护体，即被保护体上面和下面木垫层的木材纹路平行于试件轴向，指向被保护体上下表面，被保护体周边的木材纹路则与试件直径方向相同，指向试件圆弧表面。木材与筒体之间、木材与被保护体之间采用环氧树脂胶黏接，钢盖与钢筒之间采用焊接。图 7-2 为模型弹实拍照片。

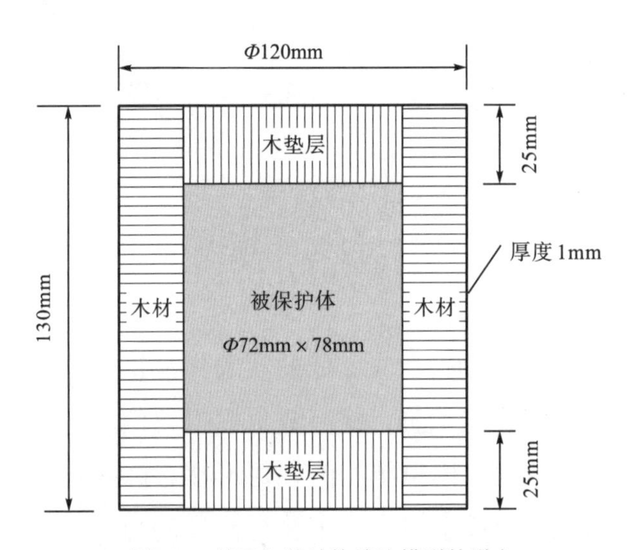

图 7-1 基于包装结构缩比模型的弹丸

图 7-2 模型弹实拍照片

7.2　加载设备与实验设计

模型实验在 120mm 口径空气炮上进行，测试仪器包括测速仪、高速摄影机、压力传感器等。弹丸速度由红外线测速仪测定，弹丸的撞击过程由高速摄影机记录。对于撞击速度低于 50m/s 的正撞实验，在靶架和靶板之间加装压力传感器，以获取撞击过程中弹丸的受力情况；对于撞击速度高于 50m/s 的正撞，因为撞击力太大，超过压力传感器的量程，故取消传感器；斜撞实验极易造成传感器的破坏，因此也未测量其受力情况。

实验设计撞击工况为正撞和 30° 斜撞两种，斜撞通过调整撞击靶板的法向与炮管轴向的夹角来加以实现。靶板材料为 Q235 钢。

图 7-3 为正撞实验靶板安装图。图 7-3(a)为低速正撞实验，压力传感器安装在靶板与靶架之间，靶板为圆形靶板；网格板为高速摄影机所用的背景，格线距离为 15mm。图 7-3(b)为高速正撞实验，靶板为方形钢板，靶厚 20mm，通过螺栓直接安装在靶架上。

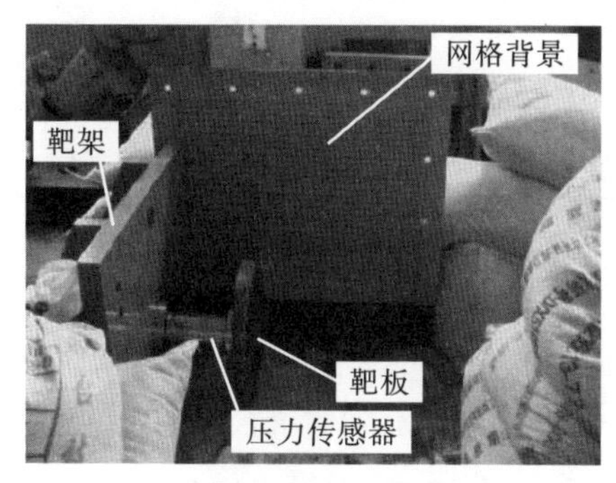

(a) 低速正撞实验

(b) 高速正撞实验

图 7-3　正撞实验靶板安装图

图 7-4 为 30° 斜撞实验靶板安装图。靶厚 30mm，通过筋板固定在靶架上，靶板法向从水平线(炮管轴向)向下偏转 30° 。

图 7-4 30° 斜撞实验靶板安装图

7.3 模型结构实验

模型结构实验对正撞和斜撞分别进行了三种速度的测试，其结果如表 7-1 所示。

表 7-1 弹丸撞击速度

弹号	正撞			30° 斜撞		
	1	2	3	4	5	6
质量/g	3405	3415	3450	3370	3410	3420
气压/MPa	0.20	0.30	0.55	0.20	0.30	0.55
弹速/(m/s)	30.4	44.5	68.0	30.3	44.1	63.4

7.3.1 正撞击实验

正撞实验的撞击过程如图 7-5 所示，可以看出弹体的飞行和碰靶姿态稳定，能保证弹轴与靶面法线平行一致。图 7-5 中高速摄影的拍摄频率为 5000 幅/s，为展示完整过程，图 7-5 中摘取的图像并非在时间上是等间隔的。

图 7-6 为正撞实验后模型弹形貌。可以看出其变形的共同特点是撞击端发生局部屈曲，其中 1 号弹的直径在距尾端(即图 7-6 中的底端) 120mm

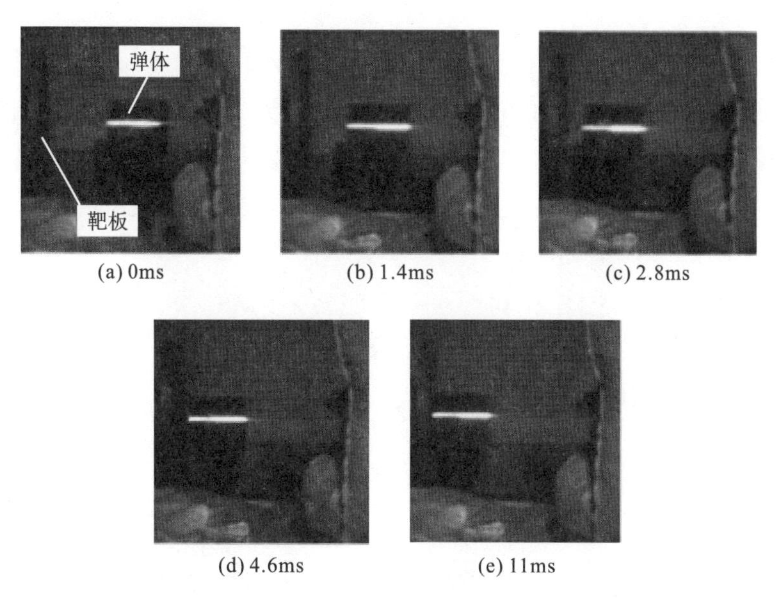

(a) 0ms　(b) 1.4ms　(c) 2.8ms　(d) 4.6ms　(e) 11ms

图 7-5　试件正撞过程高速摄影照片

的范围内均未发生变化，仅在撞击端略有鼓出，其最大直径为 121.8mm；2 号弹的屈曲程度大于 1 号弹，其直径在距尾端 116mm 的范围内未发生变化，在撞击端则鼓出形成皱褶，其最大直径为 125mm；3 号弹撞击速度进一步提高，实验后撞击端端盖完全脱落飞出，且后端盖整体向内凹，其直径在距尾端 110mm 的范围内未发生变化，再往撞击端则略微鼓出，在距尾端 115mm 的地方则迅速膨出，形成皱褶，其最大直径为 128mm。随着撞击速度的提高，局部屈曲的影响范围逐步提高，表现在试件直径的变化范围沿轴向从 10mm 逐步提高到 14mm、20mm。

(a) 1号弹，30.4m/s

(b) 2号弹，44.5m/s

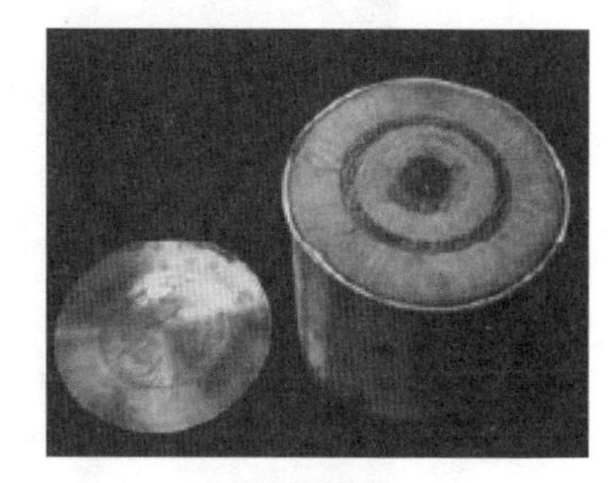
(c) 3号弹，68.0m/s

图 7-6　正撞实验后模型弹形貌

靶板后压力传感器所测得的载荷时间曲线(2 号弹)如图 7-7 所示，撞击过程持续时间约为 0.7ms，其峰值载荷为 576kN，撞击过程平均载荷为 294kN。

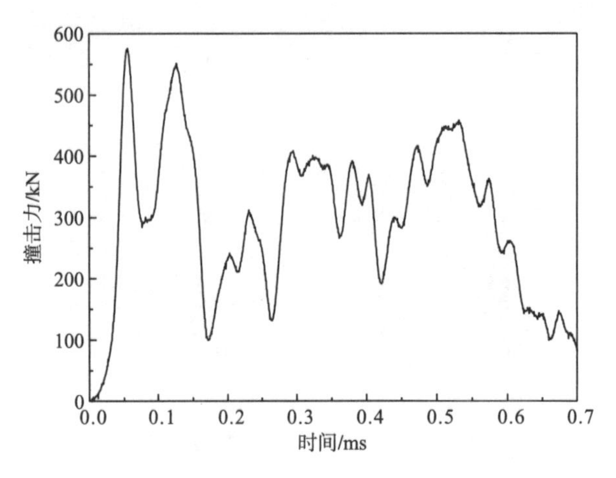

图 7-7　2 号弹正撞实验撞击力历程

图 7-8 为实验后解剖的弹体内部结构图。可以看出，撞击远端木垫层和周边保护层没有明显的变形，而撞击端木垫层已可见贯穿性裂纹，周边部分材料已与主体分离，且中部材料已产生较大压缩，周边形成压塞环。三个试件的压塞环高度分别为 2mm、4.2mm 和 8.7mm。而被保护体未产生变形。

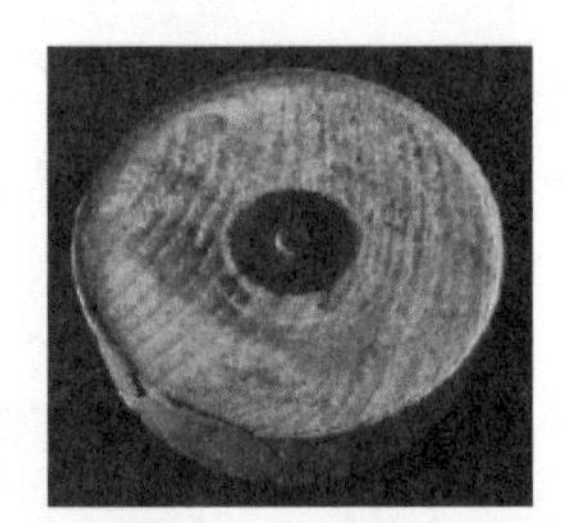

(a) 1号弹，30.4m/s

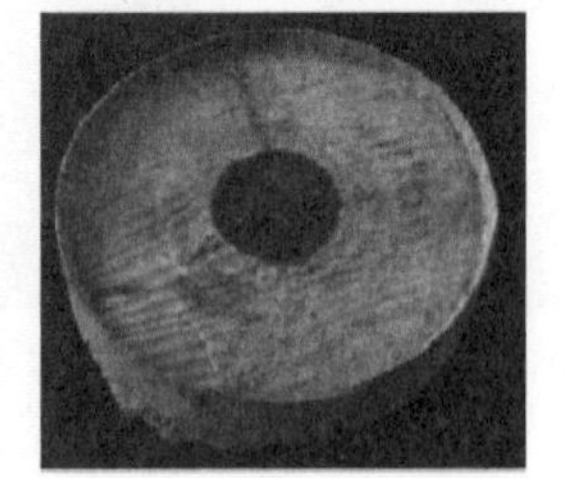

(b) 2号弹，44.5m/s

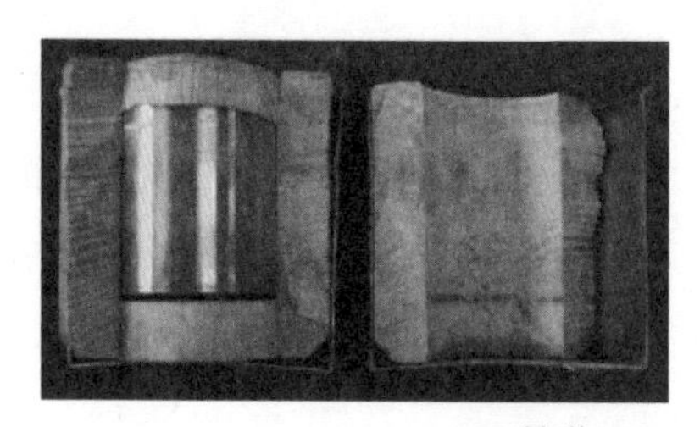

(c) 3号弹，68.0m/s

图 7-8　正撞实验后弹体内部结构

7.3.2　30° 斜撞击实验

30° 斜撞实验的撞击过程如图 7-9 所示，弹体撞击端上部与靶体发生直接碰撞，反弹回落于靶面下侧。图 7-9 中高速摄影的拍摄频率为 5000 幅/s，为展示完整过程，图中摘取的图像并非在时间上是等间隔的。

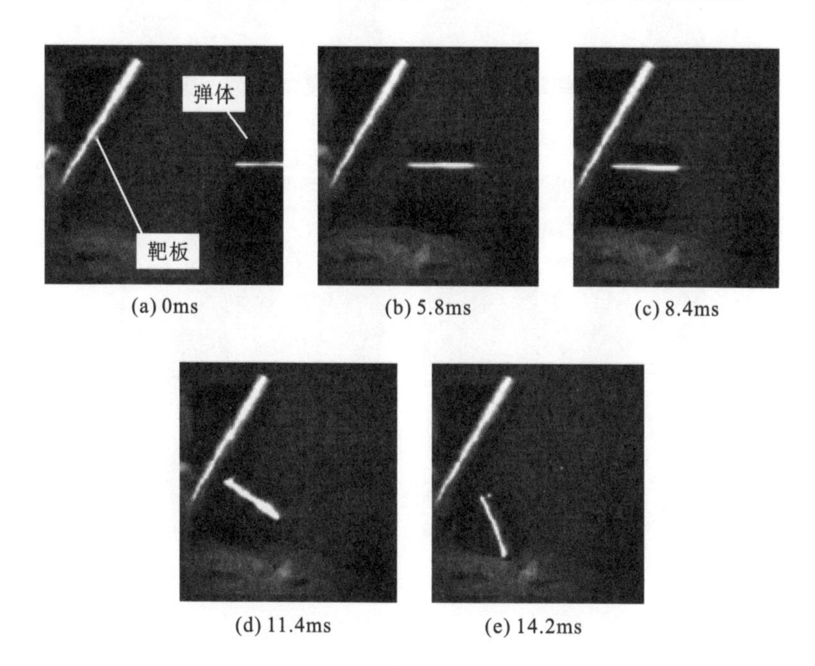

(a) 0ms　(b) 5.8ms　(c) 8.4ms

(d) 11.4ms　(e) 14.2ms

图 7-9　30° 斜撞实验的撞击过程

图 7-10 为斜撞实验后的弹体形貌。可以看出，撞击端形成撞击斜面，产生压缩变形，且斜面面积和压缩变形量随着撞击速度的增大而增大；斜面的圆弧部分产生皱褶，试件总高度略有增加；其他部分变形不

明显。撞击速度达到 63.4m/s 时，斜面上出现一个向前突出的月牙面，如图 7-10(d)中箭头处所示，月牙面的平台角度垂直于试件轴线，应为内部被保护体向前冲击形成，经检查，靶面也形成了相应的凹坑；撞击端向前凸出，撞击端盖部分焊接边沿已经崩裂。三种撞击速度下，弹体外径没有发生明显变化的轴向长度分别为 99mm、97mm 和 84mm，即距离撞击端超过 46mm 的弹体外壳不会产生塑性变形。

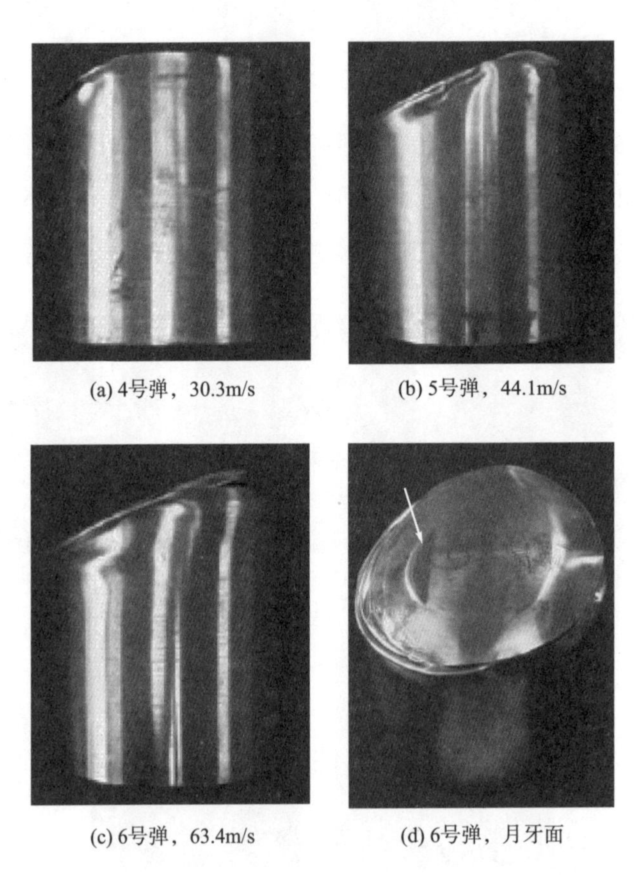

(a) 4号弹，30.3m/s　(b) 5号弹，44.1m/s

(c) 6号弹，63.4m/s　(d) 6号弹，月牙面

图 7-10　斜撞实验后弹体形貌

斜撞实验后的弹体解剖图像如图 7-11 所示，可以看出整个撞击端已经发生较大变形，撞击端木垫层压缩成楔形，楔尖部分已被压塌，且楔体已产生部分崩裂。当撞击速度为 30.3m/s 和 44.1m/s 时，被保护体未发生变形。当撞击速度达到 63.4m/s 时，楔尖厚度不到 5mm，不仅楔尖部分已

被压塌，而且环形保护层的前端大部分也被压塌。更严重的是，被保护体撞击角也发生了明显变形，形成撞击斜面，前端直径变大，最大直径达到73.6mm。

(a) 全貌

(b) 木垫层

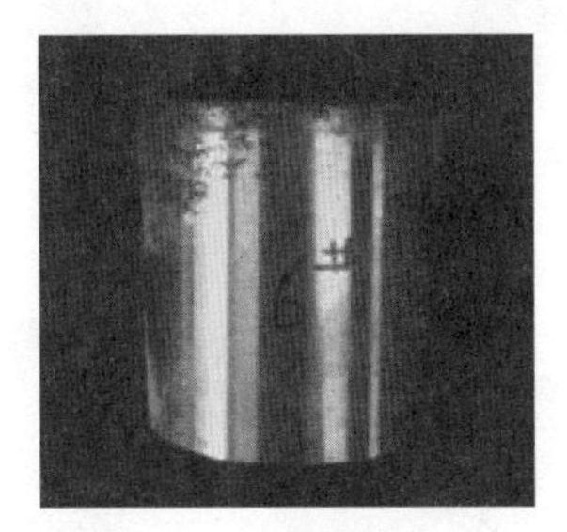

(c) 被保护体

图 7-11 斜撞实验后的弹体解剖图像(63.4m/s)

7.4 数 值 模 拟

7.4.1 有限元模型

包装箱缓冲组合结构模型如图 7-1 所示，包括外钢壳、云杉木材和被保护体。计算中靶体模型为 Φ1000mm×20mm 钢板，材料为 Q235。依据正撞击与 30° 斜撞击实验条件和相应的结构尺寸建立有限元模型，两种角度撞击有限元模型分别如图 7-12 和图 7-13 所示，相应的网格划分分别如图 7-14 和图 7-15 所示。模型中均采用六面体网格，共包括 62668 个节点，42752 个单元。

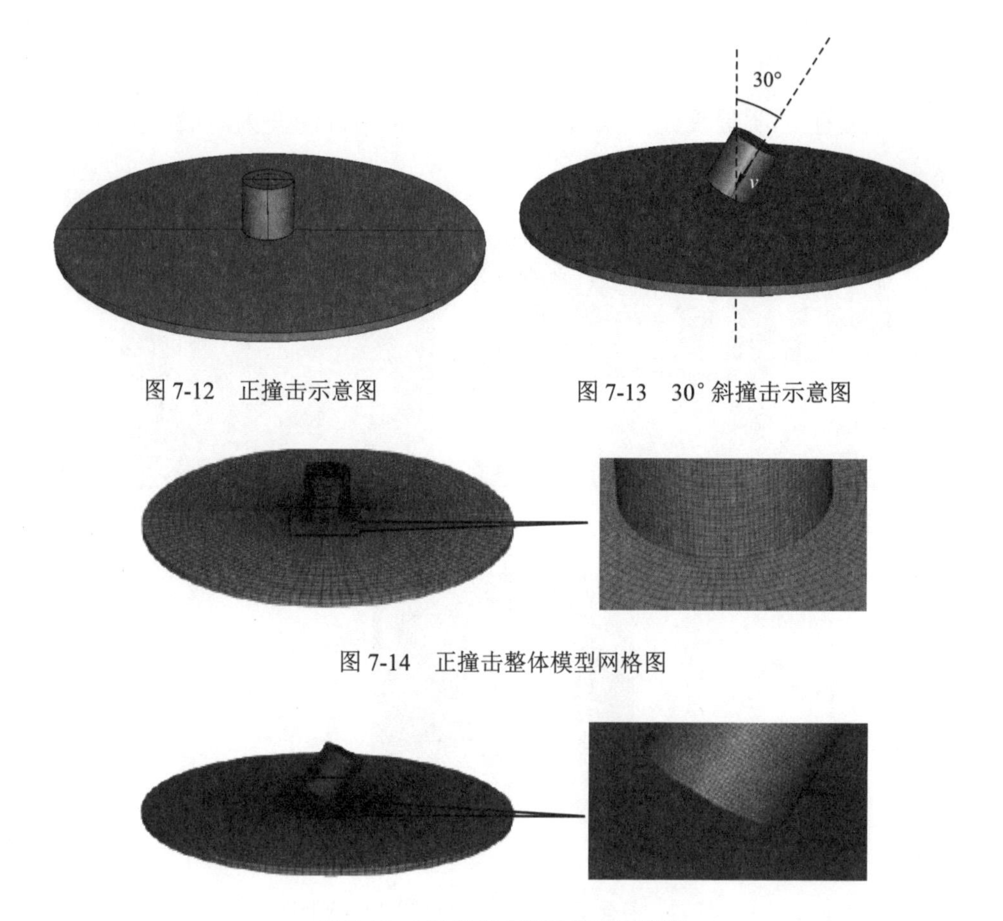

图 7-12 正撞击示意图

图 7-13 30° 斜撞击示意图

图 7-14 正撞击整体模型网格图

图 7-15 30° 斜撞击整体模型网格图

各部件网格划分情况如图 7-16～图 7-19 所示，其中被保护体包括 3808 个节点，3200 个六面体单元；外钢壳包括 22560 个节点，14006 个六面体单元；木材分为上、下两圆柱块和圆筒块，上、下两块木块直径与被保护体直径一致。圆柱木材块包括 1344 个节点，1000 个六面体单元；圆筒木材块包括 9558 个节点，7670 个六面体单元；靶板包括 24054 个节点，15876 个六面体单元。

模型实验中木材与外钢壳之间、木材与被保护体之间采用环氧树脂胶黏接，外钢壳上表面与钢筒之间采用焊接。在有限元模型中木材与外钢壳、被保护体间考虑为接触，将外钢壳作为整体建立模型，忽略结构中的焊接影响。

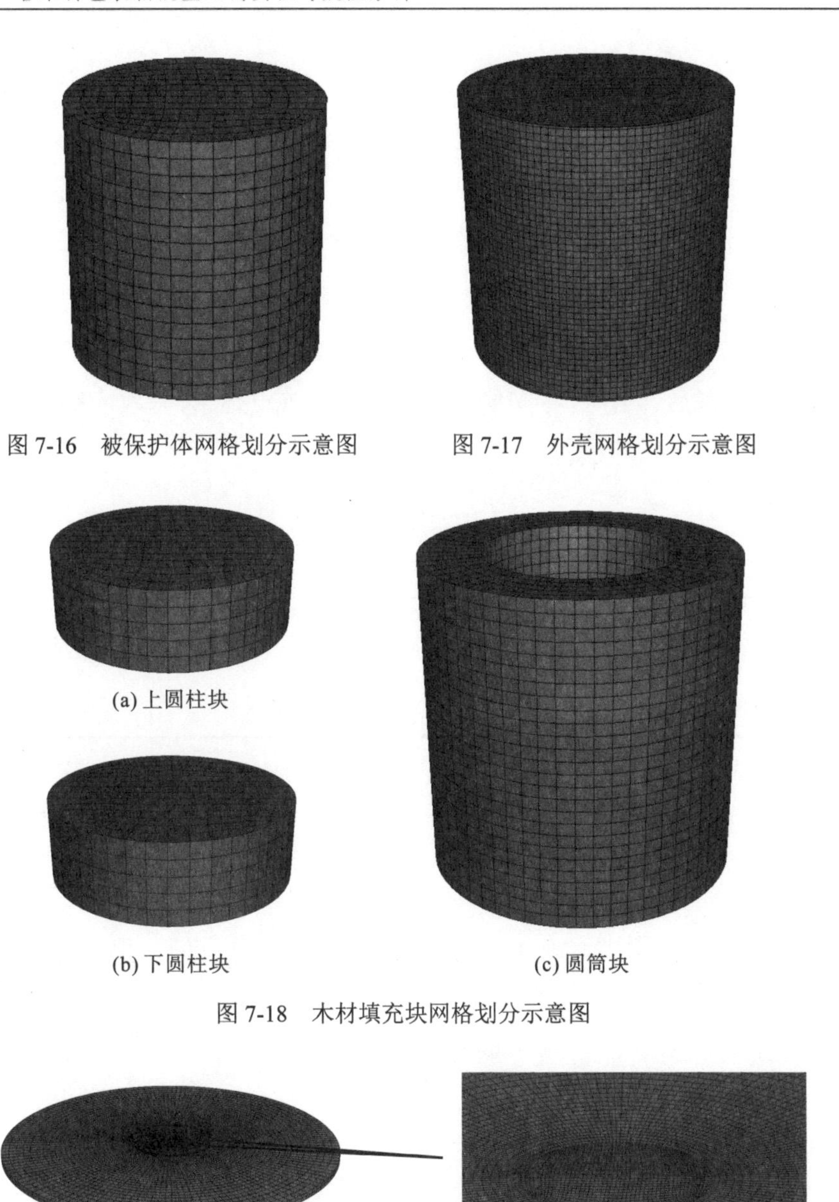

图 7-16　被保护体网格划分示意图

图 7-17　外壳网格划分示意图

(a) 上圆柱块

(b) 下圆柱块

(c) 圆筒块

图 7-18　木材填充块网格划分示意图

图 7-19　靶板网格划分示意图

7.4.2　材料参数选取

包装箱模型材料涉及 20 钢、45 钢、Q235 钢和云杉木材，计算中采取的材料参数如表 7-2 所示，其中 45 钢塑性阶段采用 Johnson-Cook

模型，参考应变率($1s^{-1}$)下屈服强度参数 A 取为 507MPa、硬化模量 B 取为 320MPa、应变硬化指数 n 取为 0.32、应变率相关系数 C 取为 0.064，失效应变参数 D_1 取为 0.24、D_2 取为 0.72、D_3 取为 1.62。模型中云杉材料顺纹方向垂直于被保护体，实验中木材主要受力方向也垂直于被保护体，因此计算中云杉材料参数采用实验测试得到的顺纹方向压缩曲线，见图 7-20[20]。假设 Q235 和 20 钢材料符合 Von-Mises 屈服准则，材料进入塑性状态后，遵循各向同性硬化法则，Q235 钢失效应变取为 0.8，20 钢失效应变取为 0.4。

表 7-2 弹靶材料力学性能参数

材料名称	ρ/(kg/m^3)	E/GPa	v	σ_s/MPa	E_P/MPa	失效应变
45 钢	7810	212	0.3	Johnson-Cook 模型		
云杉	413	11.33	0.1	采用实验测试顺纹方向压缩曲线		
Q235	7800	210	0.3	235	2100	0.8
20 钢	7850	211	0.286	245	2110	0.4

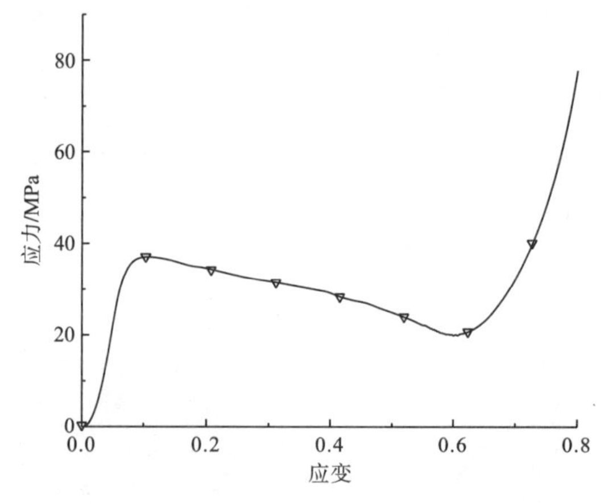

图 7-20 云杉顺纹方向压缩应力-应变曲线[19]

数值模拟中，为了校核数值模拟参数设置的有效性，结合图 7-7，针对相同工况进行数值模拟，作者给出了相应的冲击力曲线，如图 7-21 所示。可以看出由于撞击过程涉及包装结构材料大变形破坏，导致冲击过程中撞击力曲线振荡略有些差异，但撞击力脉宽和峰值基本一致，因此数值模拟结果具有较高的可信度。

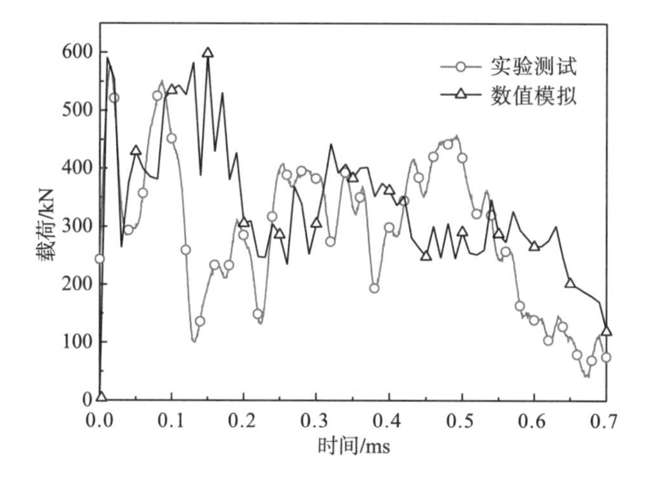

图 7-21　2 号弹撞击力实验测试与数值模拟比较

7.4.3　正撞击模拟

正撞击模拟实验利用 Φ120mm 空气炮实现了包装箱模型分别以 30.4m/s、44.5m/s、68.0m/s 的速度正撞击靶体。数值模拟采用 ABAQUS/Explicit 有限元分析软件对模型实验情况进行模拟，计算包装箱模型在不同速度下撞击靶体的动态响应，给出了包装箱模型各部件等效塑性应变分布。

对包装箱模型以 68.0m/s 的速度正撞击靶体进行数值模拟，计算得到的整体模型 Von-Mises 应力和等效塑性应变分布如图 7-22 所示。从图 7-22 可知，高应力区和塑性变形发生在包装箱模型撞击端，靶体未产生明显塑性变形。

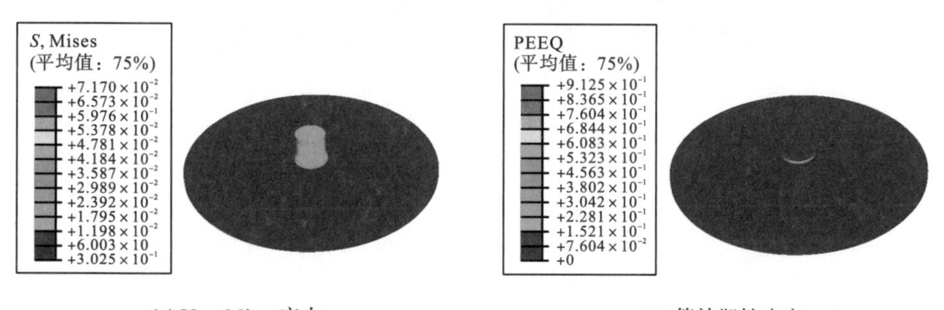

(a) Von-Mises应力　　(b) 等效塑性应变

图 7-22　整体模型应力、应变分布图(68.0m/s 正撞击)

图 7-23 为对正撞击(68.0m/s)过程进行数值模拟得到的整体变形计算与实验结果的对比图，可以看出由于模型实验结构端盖焊接强度较弱，导致端盖脱落，但从总体变形情况看两者符合较好，从计算得到的等效塑性应变分布可以看出，撞击端在高压力作用下产生环向膨胀，造成撞击端面圆周产生较大应变，在正撞击情况下属于结构的薄弱部位。实验后得到撞击端屈曲后的最大直径为 128mm，试件总高度为 125mm，计算结果撞击端屈曲后的最大直径为 132mm，试件总高度为 124mm，计算结果与实验结果吻合较好。

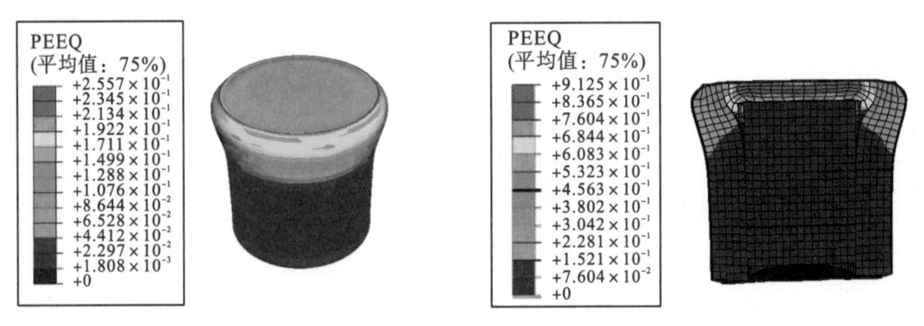

(a) 数值模拟

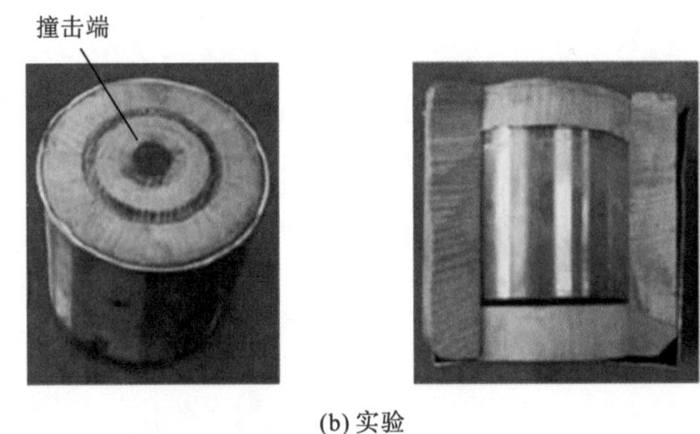

(b) 实验

图 7-23 整体变形计算与实验结果对比图(68.0m/s 正撞击)

7.4.4 斜撞击模拟

斜撞击模拟实验中，作者调整靶体角度实现了包装箱模型对靶体 30° 斜撞击，对包装箱模型用 63.4m/s 的速度进行撞击得到的整体应力、应变分布图如图 7-24 所示。从图 7-24 中可以看出，塑性变形主要发生在撞击角，与靶体接触处形成撞击斜面，靶体变形不明显。

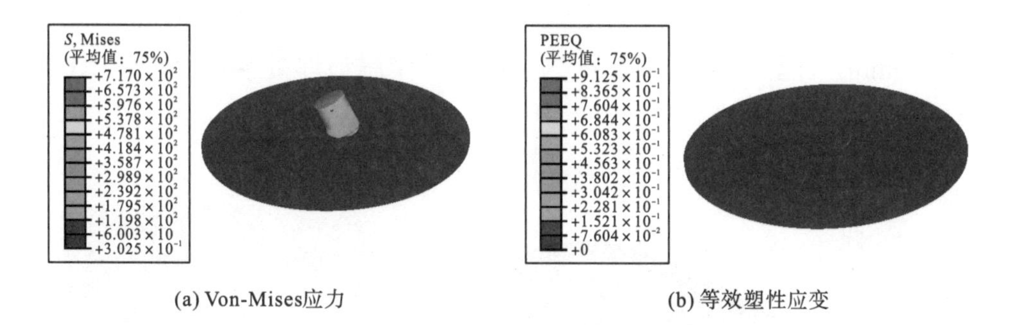

(a) Von-Mises应力　　(b) 等效塑性应变

图 7-24　整体模型应力、应变分布图(63.4m/s 斜撞击)

与此同时，作者也对斜撞击(63.4m/s)过程进行模拟，所得的试件变形情况与实验对比如图 7-25 所示(图 7-25 中实验照片里的木垫层已取出

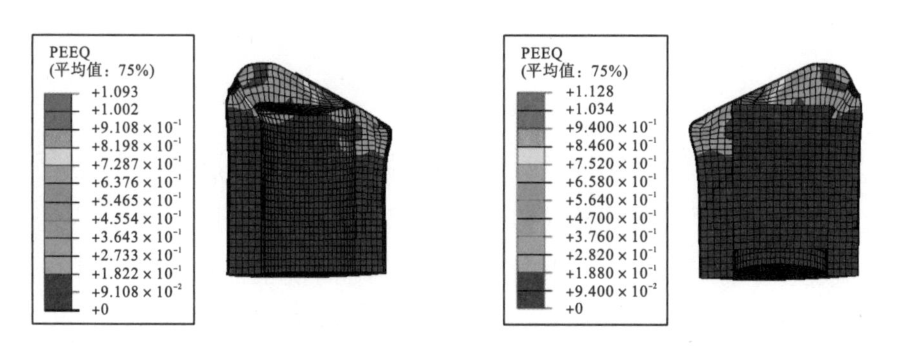

(a) 数值模拟

(b) 实验结果

图 7-25　整体变形计算与实验结果对比图(63.4m/s 斜撞击)

示于图 7-26 中)，可以看出与实验破坏相对应位置产生的塑性变形较大。撞击端木垫层变形情况的对比如图 7-26 所示，木垫层在斜撞击作用下发生大变形，变成楔形状，实验后所得楔尖厚度不到 5mm，楔尾厚度为 24.6mm，计算结果楔尖厚度为 4.9mm，楔尾最厚处为 24.5mm，计算结果与实验结果吻合较好。

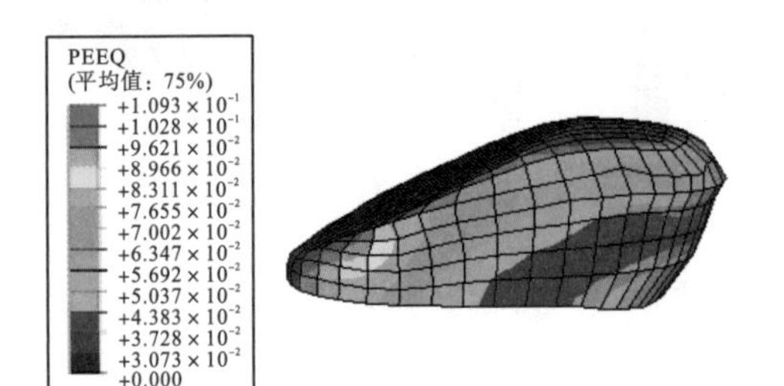

图 7-26 撞击端木垫层变形图(63.4m/s 斜撞击)

7.5 本章小结

本章利用空气炮对吸能包装结构的跌落过程进行模拟，通过缩比模型的正撞击和 30° 斜撞击实验，获得了对模型碰撞的直观认识，针对模型实验进行了数值分析，获得了吸能包装结构模型在撞击过程中的应力分布和塑性变形，并将计算情况与实验结果进行对比、分析，结果表明：

(1) 在撞击中吸能包装结构主要通过缓冲木材的塑性变形及外钢壳屈曲产生的塑性铰吸收能量，其塑性变形主要集中于撞击端，发生塑性变形的最大轴向范围在正撞时为 20mm，斜撞时为 46mm，而远离撞击端未见塑性变形。正撞时，撞击端发生局部屈曲，撞击端木垫层形成压塞环，但被保护体在三种速度下均未发生变形；斜撞时，撞击端形成撞击斜面，撞击端木垫层压缩成楔形，结构变形及破坏程度随撞击速度提高而增大，当撞击速度为 30.3m/s 和 44.1m/s 时，被保护体未发生变形，当撞击速度达到 63.4m/s 时，被保护体形成明显撞击斜面。

(2) 数值模拟中，木材本构参数采用实验测试获得的顺纹方向压缩应力-应变曲线，模拟结果与实验结果吻合较好，说明当木材放置方式为顺纹方向垂直于被保护体面时，木材本构参数采用顺纹方向压缩应力-应变曲线具有一定的有效性。

在本章中，木材顺纹方向垂直于被保护体面，而木材具有正交各向异性，将其作为缓冲材料使用时，需针对被保护体所能承受的应力、应变峰值要求，研究不同的木材放置方向对吸能性能的影响，以达到更好的缓冲保护效果。

参 考 文 献

[1] Joseph C, Maloney J. The history and significance of military packaging: TECHNICAL REPORT 1-96[R]. Fort Belvoir: Defense Systems Management College Press, 1996.

[2] 肖冰, 黄晓霞, 彭天秀. 国外弹药包装的现状与发展趋势研究[J]. 包装工程, 2005, 26(5): 220-227.

[3] 周定如, 蔡建, 赵耀辉, 等. 美国军用包装技术发展的经验和启示[J]. 包装工程, 2010, 31(7): 80-83.

[4] 苏远. 缓冲包装理论基础与应用[M]. 北京: 化学工业出版社, 2006: 1-15.

[5] 王保乾. 有效载荷抗事故包装箱的环境与环境试验[J]. 环境技术, 1995(4): 7-12.

[6] 田春蓉. 美国抗事故包装箱的设计与发展: GF-A0161928G[R]. 绵阳: 中国工程物理研究院化工材料研究所, 2010.

[7] 李明海, 翟贵立, 宋耀祖, 等. 抗事故包装箱热防护结构的设计及其性能分析[J]. 包装工程, 2000, 21(2): 5-8.

[8] 李明海, 任建勋, 罗群生, 等. 钢-木组合结构在火灾中的热响应数值模拟[J]. 清华大学学报, 2001, 41(2): 68-71.

[9] 胡宇鹏, 罗群生, 李友荣, 等. 不同压力下具有内热源的包装箱内传热特性[J]. 包装工程, 2016, 37(11): 1-5.

[10] 张鹏, 王文博, 王宏伟. ANSYS 软件在导弹包装箱设计中的应用研究[J]. 航空科学技术, 2015, 26(4): 53-57.

[11] 李娜, 刘剑钊, 张思才, 等. 抗事故包装箱碰撞过程靶体等效方法研究[J]. 包装工程, 2016, 37(1): 25-38.

[12] Michael H, Gene H L, Laverne E R, et al. Analysis, scale modeling, and full-scale tests of low-level nuclear-waste-drum response to accident environments: SAND80-2517[R]. Albuquerque: Sandia National Laboratories, 1983: 43-63.

[13] 鲍平鑫, 宁伟宇. 基于 CATIA 与 ADAMS 军用爆炸品包装箱铁路运输冲击仿真实验研究[J]. 军事交通学院

学报, 2012(3): 20-25.

[14] 葛任伟, 欧阳勇, 张怀宇, 等. 抗事故包装箱缓冲结构厚度计算方法研究[J]. 机械设计与制造, 2011(12): 38-40.

[15] 谢若泽, 钟卫洲, 黄西成, 等. 吸能包装模型结构的冲击响应[J]. 爆炸与冲击, 2019, 39(10): 40-48.

[16] 屠兴. 模型实验的基本理论与方法[M]. 西安: 西北工业大学出版社, 1989: 1-10.

[17] 谈庆明. 量纲分析[M]. 合肥: 中国科学技术大学出版社, 2005: 1-19.

[18] 罗文泉, 叶霜. 模型实验的相似方法[J]. 工业加热, 1999, 1: 17-19.

[19] 周政, 葛任伟, 卢永刚, 等. 抗事故包装箱抗冲击性能的相似准则[J]. 包装工程, 2018, 39(7): 31-38.

[20] 钟卫洲, 宋顺成, 黄西成, 等. 三种加载方向下云杉静动态力学性能研究[J]. 力学学报, 2011, 43(6): 1141-1150.

第 8 章　含木材“三明治”结构抗枪击性能

第 7 章描述了木材作为包装箱缓冲材料的应用场景，其主要功能是避免箱内物品遭受冲击载荷而损坏，冲击载荷的环境一般为交通运输与装卸载等。然而，除上述场景外，子弹、破片等冲击载荷也可能使箱内物品面临威胁。交通运输与装卸载等事故环境载荷的作用面积一般较大，重点考验结构的整体承载能力；而子弹、破片等侵彻的冲击载荷作用面积显著缩小，更多关注结构局部的抗冲击能力。

鉴于子弹的尺寸通常在毫米量级，可将包装箱抽象为含木材的“三明治”结构。本章将依据《警用防暴车通用技术条件》(GA 668—2006)[1]设计并开展枪击实验，获得含木材“三明治”结构抗枪击性能，建立其表征模型。

8.1　枪击实验设计

8.1.1　含木材“三明治”结构概述

为考察含木材包装箱抗枪击性能，将包装箱简化为 “三明治”结构。枪击实验所用含木材“三明治”结构示意图见图 8-1，其为直径 120mm 的圆柱形。子弹着靶面为 06Cr19Ni10 钢，中间有木材，按顺纹或横纹布置，背面为 30CrMoA 钢。三层无间隔放置。本章将改变钢板厚度与木材厚度和纤维排布方向，考察不同状态时“三明治”结构抗枪击性能变化。枪击实验的“三明治”结构状态见表 8-1。

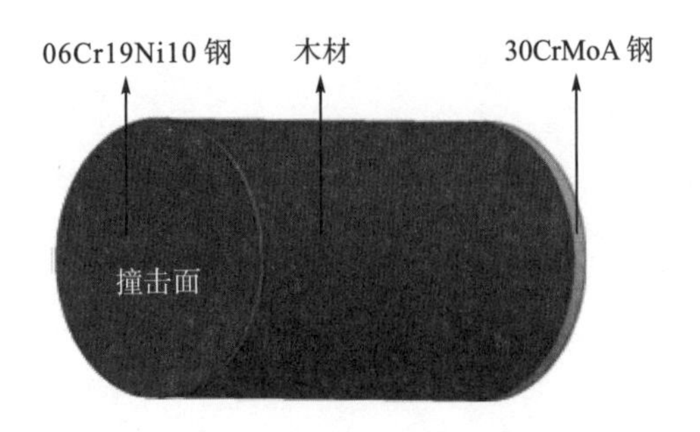

图 8-1 含木材“三明治”结构示意图

表 8-1 枪击实验的“三明治”结构状态

编号	06Cr19Ni10 钢板厚度/mm	木材		30CrMoA 钢板厚度/mm
		厚度/mm	纤维方向	
1	4	200	顺纹	8
2	4	200	横纹	8
3	4	160	顺纹	16
4	4	160	横纹	16

8.1.2 参试子弹

依据《警用防暴车通用技术条件》(GA 668—2006)[1]，共选择三种在役制式子弹参试，分别为 5.8mm 普通弹、7.62mm 普通弹和 12.7mm 穿燃弹，其外形分别见图 8-2、图 8-3 和图 8-4。制式子弹通常主要由三部分构成：弹壳、装药与弹头。装药燃烧推动弹头，其携动能侵入靶标，对靶标构成毁伤。弹头根据功能不同有不同的组成结构，如 5.8mm 普通弹与 7.62mm 普通弹通常由覆铜钢弹皮、铅层与低碳钢弹芯组成，而 12.7mm 穿燃弹则由覆铜钢弹皮、燃烧剂与硬质钢弹芯组成。参试子弹基本参数见表 8-2。

图 8-2 5.8mm 普通弹

图 8-3　7.62mm 普通弹

图 8-4　12.7mm 穿燃弹

表 8-2　参试子弹基本参数

子弹		弹头		弹芯		
类型	质量/g	质量/g	出枪口速度/(m/s)	材料	直径/mm	质量/g
5.8mm 普通弹	12.5	4.1	960±30	低碳钢	4.1	1.45
7.62mm 普通弹	16.5	8.0	750±30	低碳钢	5.8	3.60
12.7mm 穿燃弹	122.0	48.3	820±30	硬质高碳钢	10.9	29.6

8.1.3　实验方案设计

鉴于正侵彻子弹对靶标的侵彻深度最大，本章主要考察“三明治”结构抗子弹的正侵彻性能。子弹用弹道枪发射，“三明治”结构放置在靶架上。依据《警用防暴车通用技术条件》(GA 668—2006)[1]，弹道枪的枪口距离靶标 15m。采用间隔光幕测速装置与高速摄影机同时测量弹头着靶速度，互为备份。高速摄影机还同时观测出靶后子弹破坏形貌。试验布局示意图见图 8-5。

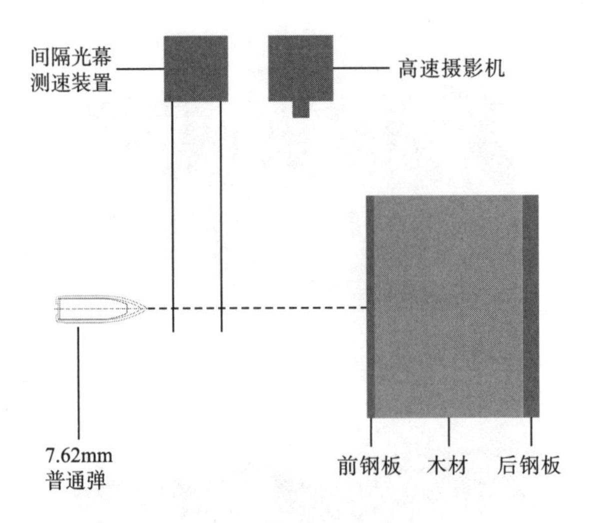

图 8-5 试验布局示意图

8.2 “三明治”结构抗枪击性能与破坏形貌

8.2.1 抗 5.8mm 普通弹

1. “三明治”结构抗枪击性能

“三明治”结构抗 5.8mm 普通弹侵彻性能见表 8-3。由表 8-3 可知，5.8mm 普通弹的弹头未能穿透本章参试的所有“三明治”结构。弹头穿透前覆 06Cr19Ni10 钢板后侵入木材，部分木材被击穿。高速摄影机与间隔光幕测速装置均获得弹头着靶速度，分析中采用间隔光幕的测量速度值。

表 8-3 “三明治”结构抗 5.8mm 普通弹侵彻性能

编号	第一层		第二层		第三层		着速* /(m/s)	着速** /(m/s)	木材中侵深 /mm	穿靶余速 /(m/s)
	靶材	靶厚 /mm	靶材	靶厚 /mm	靶材	靶厚 /mm				
M-1	A	3.94	C(横)	196	B	147	945	959.2	147	未击穿
M-7	A	3.90	C(顺)	200	B	171	978	983.6	171	未击穿
M-8	A	3.96	C(顺)	200	B	击穿	958	971.2	击穿	未击穿
M-13	A	4.00	C(横)	156	B	123	954	968.2	123	未击穿
M-14	A	3.92	C(横)	157	B	击穿	965	971.2	击穿	未击穿
M-19	A	3.96	C(顺)	160	B	击穿	954	962.2	击穿	未击穿

续表

编号	第一层		第二层		第三层		着速* /(m/s)	着速** /(m/s)	木材中侵深 /mm	穿靶余速 /(m/s)
	靶材	靶厚 /mm	靶材	靶厚 /mm	靶材	靶厚 /mm				
M-20	A	3.96	C(顺)	160	B	击穿	938	941.8	击穿	未击穿

注：A 为 06Cr19Ni10；B 为 30CrMoA；C 为木材；()内“横”表示横纹、“顺”表示顺纹；着速*为高速摄影测量值；着速**为间隔光幕测量值(high-precision shooting chronograph E9900-X)。

2. “三明治”结构破坏形貌

“三明治”结构被 5.8mm 普通子弹侵彻后的破坏形貌见图 8-6。图中 M-1 为试验编号，后续“-1”表示着靶面钢板；“-2”表示内置木材；“-3”表示背衬钢板。其余编号与此类似，不再赘述。每种工况仅列出典型破坏情况。由图 8-6 可知，前覆钢板均被弹头穿透，弹孔为圆形，着靶面及着靶背面的弹孔有唇形翻边，除弹孔外，其余部分无明显形变，具有典型的韧性破坏特征。弹头侵入木材后，均在着靶面留下圆形弹孔，横纹木材弹孔周围无裂纹，而顺纹木材有一条裂纹过弹孔横穿整个着靶面。破坏形式的差别与纤维方向相关。弹头有侧出现象，如图 8-6(b)所示，说明弹头在木材里运动轨迹发生偏转，可通过解剖木材进一步分析弹头运动轨迹。弹头穿透木材后在背覆钢板着靶面留下印痕，如图 8-6(f)所示。印记较浅且多为横拍，说明弹头在撞击背覆钢板时已发生偏转。

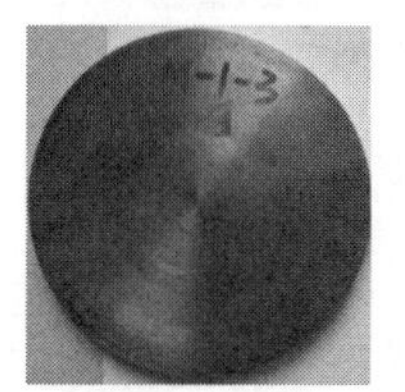

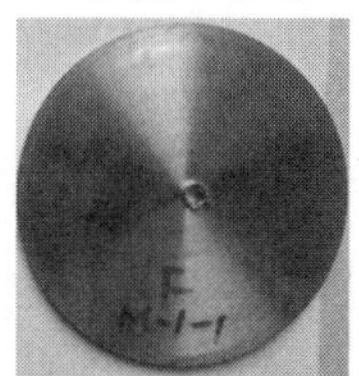

(a) 4mm厚06Cr19Ni10前覆钢板

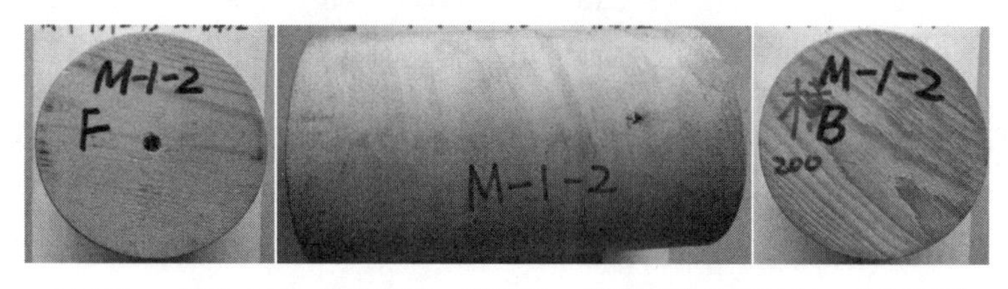

(b) 200mm横纹木材，从左至右：着靶面、侧面(子弹从左至右)、着靶背面

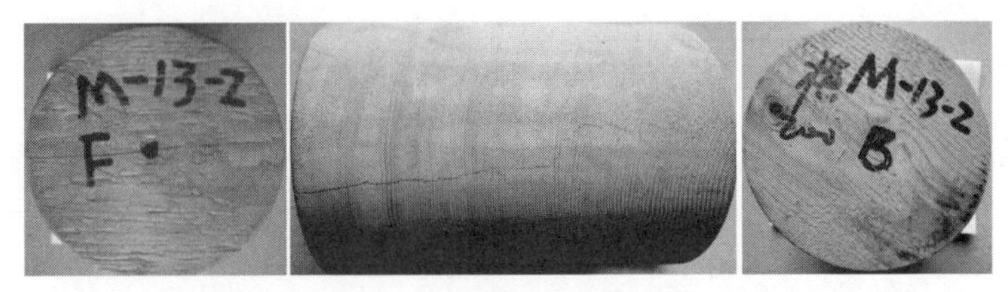

(c) 160mm横纹木材，从左至右：着靶面、侧面(子弹从左至右)、着靶背面

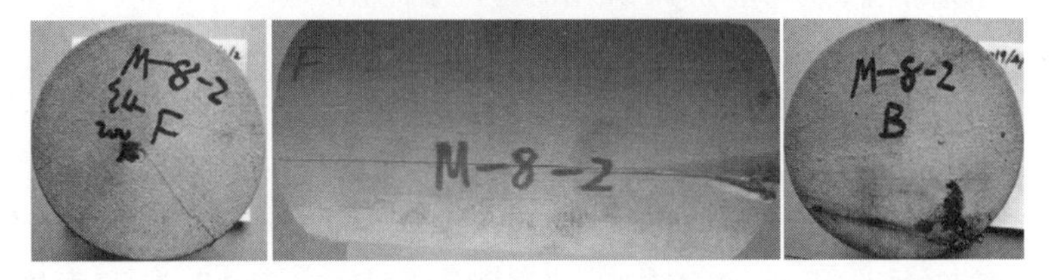

(d) 200mm顺纹木材，从左至右：着靶面、侧面(子弹从左至右)、着靶背面

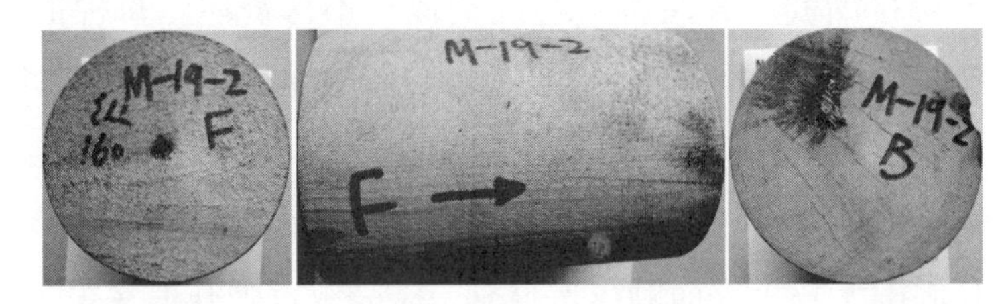

(e) 160mm顺纹木材，从左至右：着靶面、侧面(子弹从左至右)、着靶背面

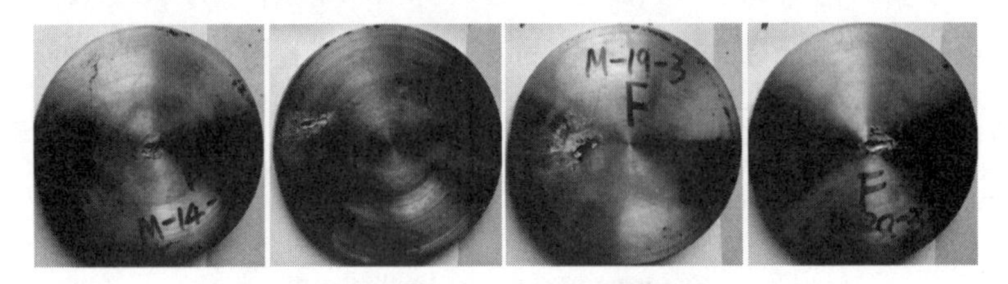

(f) 穿透木材后背钢板着靶面

图 8-6 “三明治”结构被 5.8mm 普通弹侵彻后的破坏形貌

为进一步地分析纤维方向对弹头运动的影响机理，将侵彻后木材沿侵彻弹道解剖，解剖后形貌见图 8-7。由图 8-7 可知，弹头侵入横纹木材，将切断纤维向前运动；而弹头在顺纹木材中，仅需挤开纤维侵入较软的黏结基质。鉴于木材中纤维强度明显高于黏结基质[2]，横纹木材的抗侵彻性能将优于顺纹木材。

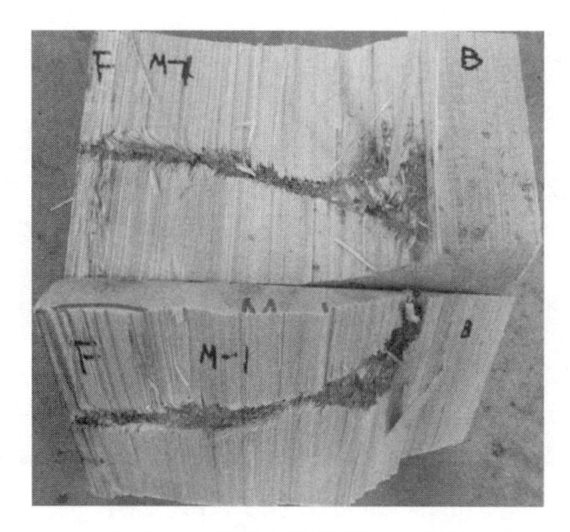

(a) 200mm横纹木材(子弹从左至右)

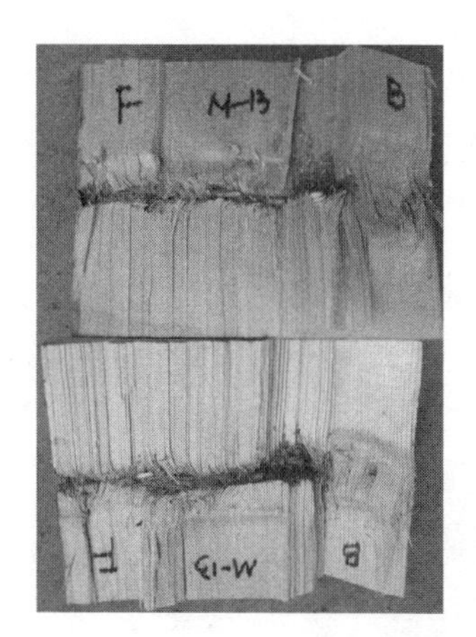

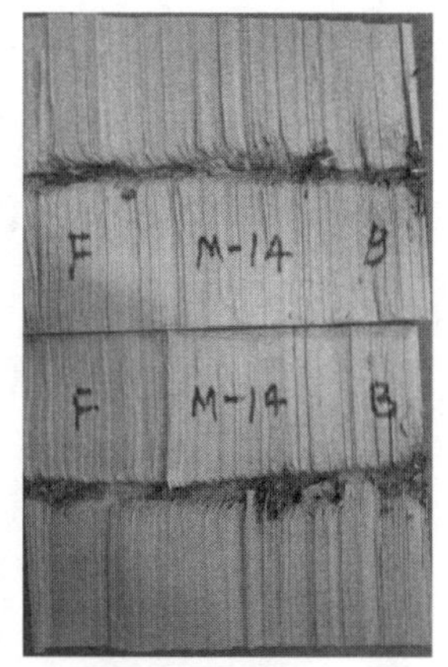

(b) 160mm横纹木材(子弹从左至右)

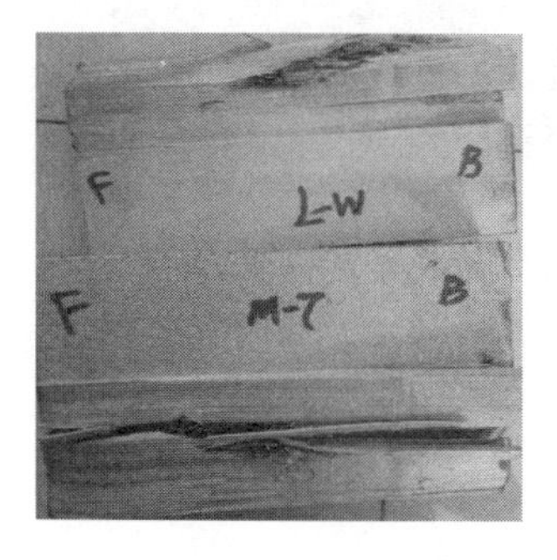

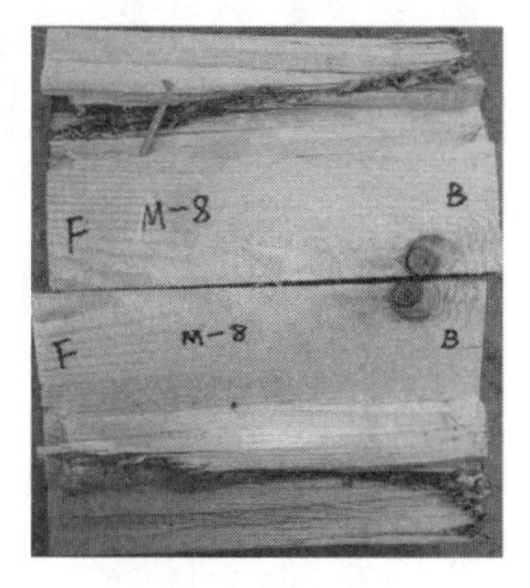

(c) 200mm顺纹木材(子弹从左至右)

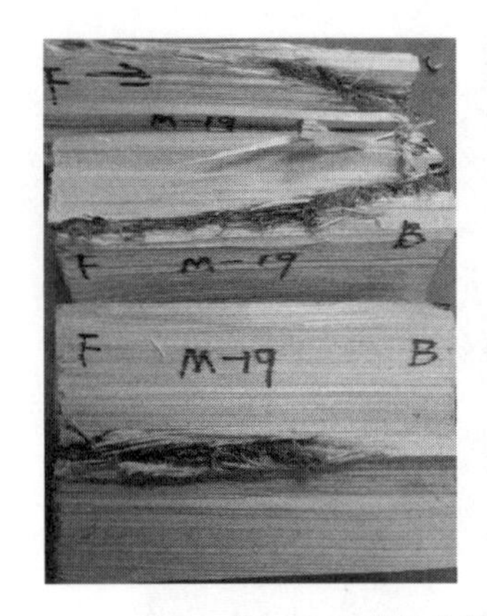

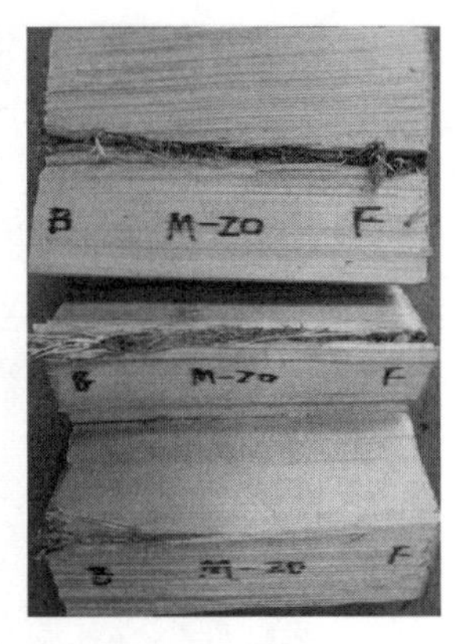

(d) 160mm顺纹木材(子弹从左至右)

图 8-7 5.8mm 普通弹侵入木材后的剖视图

侵彻后回收的弹头见图 8-8。由图 8-8 可知，在木材中多能回收到较为完整的弹皮，如 M-7、M-13 和 M-14，这说明弹皮随弹芯穿透前覆钢板后侵入到木材之中。由于弹头未能穿透 M-1 与 M-13 的木材结构，回收弹芯嵌入在木材之中，二者弹芯几乎未发生形变，这说明弹头穿透前覆钢板后与侵入木材的整个过程中，弹芯未发生明显形变。

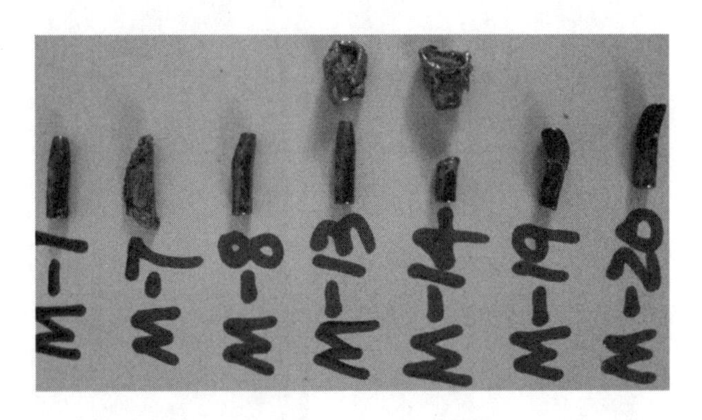

图 8-8 5.8mm 普通弹打击，木材解剖后回收子弹形貌

8.2.2 抗 7.62mm 普通弹

1. “三明治”结构抗枪击性能

“三明治”结构抗 7.62mm 普通弹侵彻性能见表 8-4。由表 8-4 可

知，7.62mm 普通弹的弹头未能穿透本章参试的所有“三明治”结构。弹头穿透前覆 06Cr19Ni10 钢板后侵入木材，所有的横纹木材全部未被击穿，部分顺纹木材被击穿。

表 8-4　“三明治”结构抗 7.62mm 普通弹侵彻性能

实验编号	靶材	靶厚/mm	着靶速度/(m/s)	穿靶余速/(m/s)	木材中垂直侵深/mm	剩余弹体质量/g	
						弹芯	塞块
M-3	06Cr19Ni10 横纹木材 30CrMoA	4.08 195.5 7.96	749	未击穿	117	—	—
M-4	06Cr19Ni10 横纹木材 30CrMoA	7.98 195.2 7.93	754	未击穿	84	3.6	2.9
M-5	06Cr19Ni10 横纹木材 30CrMoA	4.10 195.0 8.00	756	未击穿	144	3.6	—
M-9	06Cr19Ni10 顺纹木材 30CrMoA	3.89 199.1 7.95	750	未击穿	168	—	—
M-10	06Cr19Ni10 顺纹木材 30CrMoA	4.00 199.3 7.96	771	未击穿	击穿	3.6	—
M-15	06Cr19Ni10 横纹木材 30CrMoA	3.99 155.8 15.94	753	未击穿	128	3.6	—
M-16	06Cr19Ni10 横纹木材 30CrMoA	3.94 155.0 15.98	753	未击穿	136	3.6	—
M-21	06Cr19Ni10 顺纹木材 30CrMoA	4.11 159.2 15.98	779	未击穿	击穿	3.4	—
M-22	06Cr19Ni10 顺纹木材 30CrMoA	3.99 159.4 16.00	771	未击穿	击穿	3.6	—

2. “三明治”结构破坏形貌

7.62mm 普通子弹侵彻后“三明治”结构中前覆与背覆钢板破坏形貌与 5.8mm 普通子弹的打击情况类似，前覆钢板为典型韧性破坏，而背覆钢板仅有印痕，不再罗列图片。侵彻后“三明治”结构中横纹与顺纹木材宏观破坏形貌分别见图 8-9 与图 8-10。由图 8-9 和图 8-10 可知，子弹在木材着靶面留下圆形弹孔，横纹木材中有一条较大的裂纹过弹孔并贯穿着靶面，而顺纹木材中无明显裂纹。与 5.8mm 普通子弹打击后相比，7.62mm 普通子弹打击后的横纹木材中过弹孔的裂纹张口较大。

(a) 着靶面，从左至右：M-3、M-4、M-5

(b) 着靶背面，从左至右：M-3、M-4、M-5

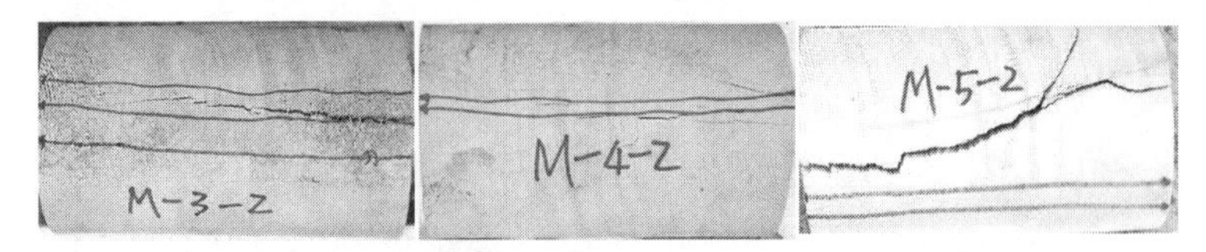

(c) 靶侧面，子弹从右至左侵入木材，从左至右：M-3、M-4、M-5

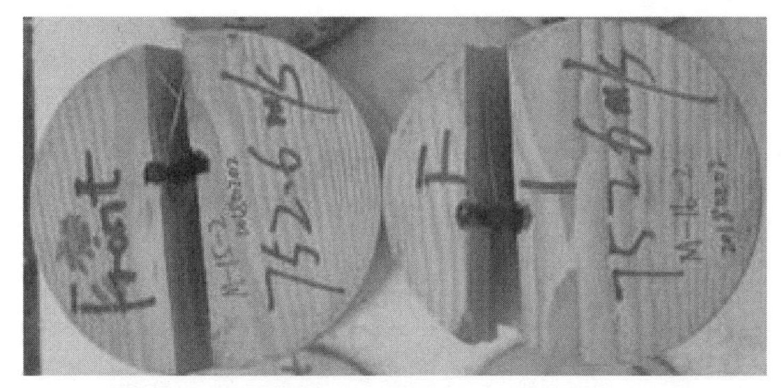

(d) 着靶面，从左至右：M-15、M-16

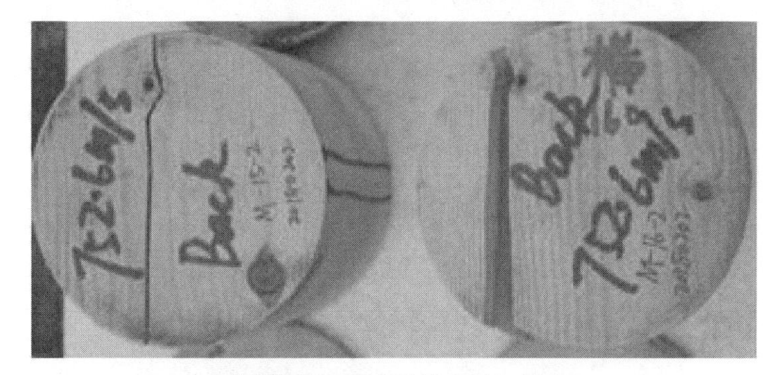

(e) 着靶背面，从左至右：M-15、M-16

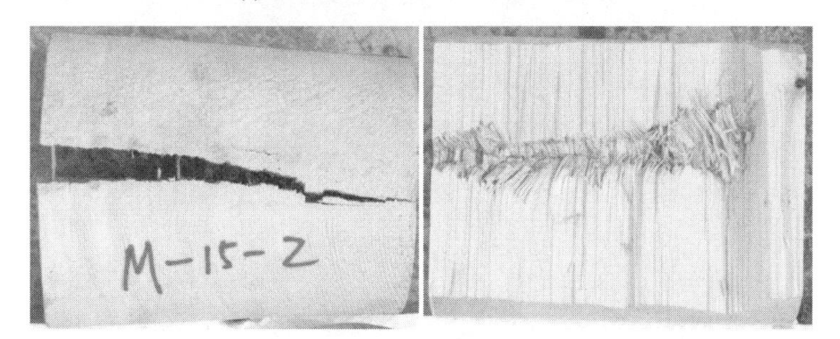

(f) 靶侧面，子弹从左至右侵入木材，从左至右：M-15、M-16

图 8-9　“三明治”结构中横纹木材被 7.62mm 普通弹侵彻后的形貌

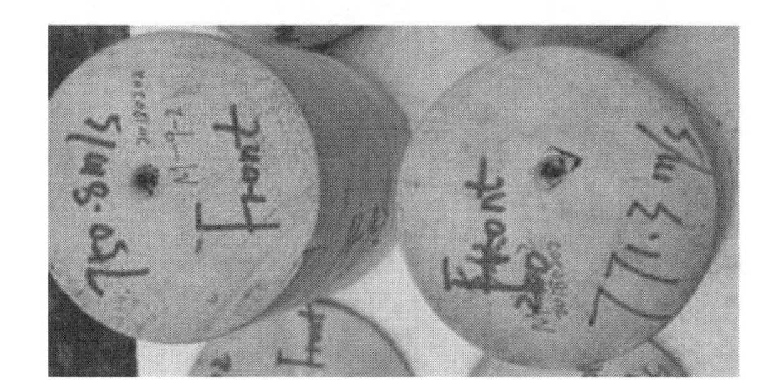

(a) 着靶面，从左至右：M-9、M-10

(b) 着靶背面，从左至右：M-9、M-10

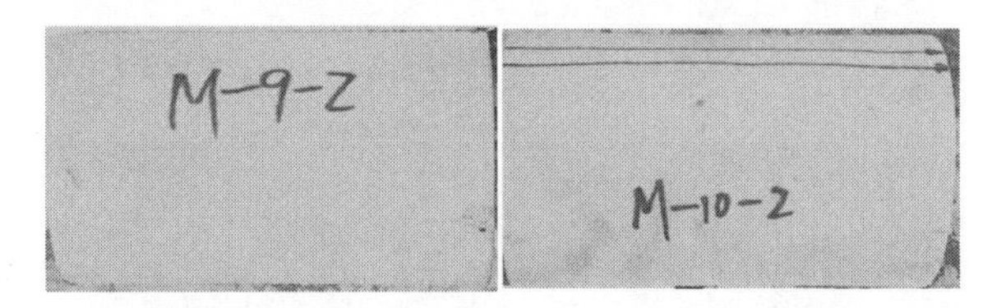

(c) 靶侧面，子弹从右至左侵入木材，从左至右：M-9、M-10

(d) 着靶面，从左至右：M-21、M-22

(e) 着靶背面，从左至右：M-21、M-22

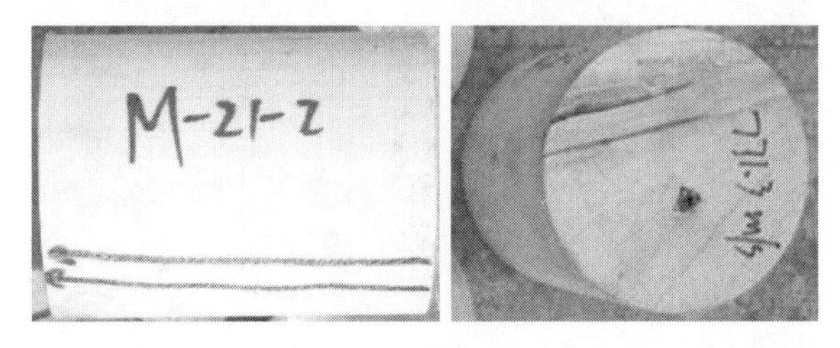

(f) 靶侧面，子弹从右至左侵入木材，从左至右：M-21、M-22

图 8-10 “三明治”结构中顺纹木材被 7.62mm 普通弹侵彻后的形貌

将木材沿侵彻弹道解剖，可观测弹头在木材中的侵彻运动轨迹，见图 8-11。由图 8-11 可知，弹头需切断横纹木材中的纤维后才能前进，但弹头在顺纹木材中仅需挤开纤维便能前进。与 5.8mm 普通子弹打击类似，横纹木材的抗枪击性能优于顺纹木材，弹头在木材中侵深也证明了这一结论。弹头在木材中的运动轨迹多有偏转，少数运动轨迹平直，这说明弹头在非均质的木材中易发生弹道偏转。

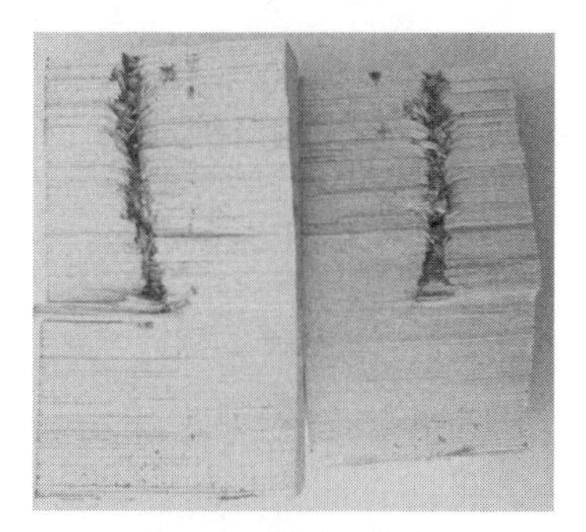

(a) M-3，横纹(200mm)

(b) M-5，横纹(200mm)

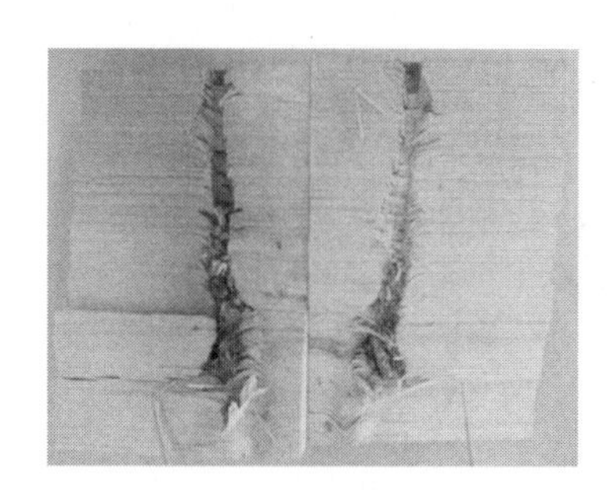

(c) M-15，横纹(160mm)

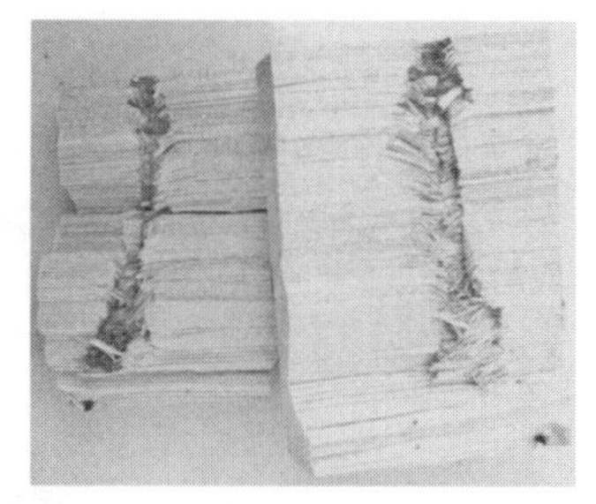

(d) M-16，横纹(160mm)

(e) M-9，顺纹(200mm)

(f) M-10，顺纹(200mm)

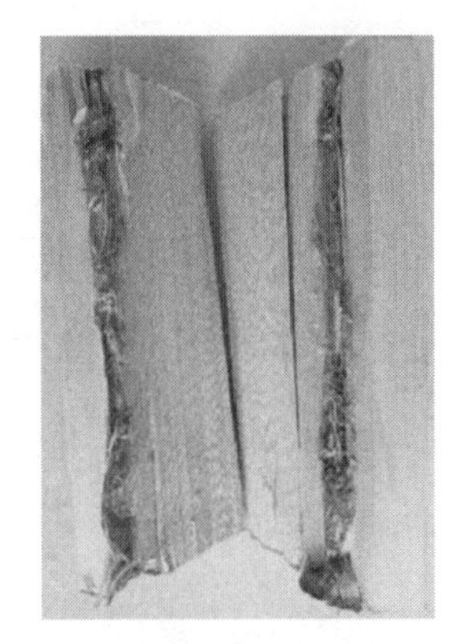

(g) M-21，顺纹(160mm)　　(h) M-22，顺纹(160mm)

图 8-11　木材中 7.62mm 普通弹侵彻后的路径解剖图

侵彻后回收的部分子弹的形貌见图 8-12。可以看出，M-15 与 M-16 的弹芯几乎未见形变，M-16 中回收到完整弹皮。这说明 7.62mm 普通子弹的弹皮几乎全部穿透前覆钢板，且弹芯几乎未变形。侵入木材，弹芯未发生明显形变。

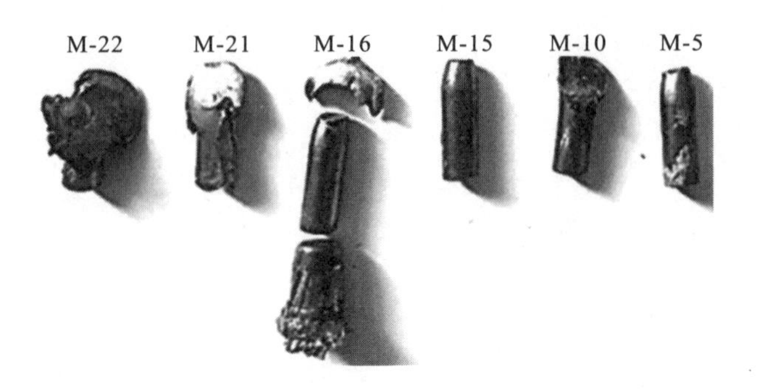

图 8-12　“三明治”结构被 7.62mm 普通弹侵彻后的回收子弹形貌

8.2.3　抗 12.7mm 穿燃弹

1.“三明治”结构抗枪击性能

“三明治”结构抗 12.7mm 穿燃弹侵彻后的性能见表 8-5。由表 8-5 可知，当 12.7mm 穿燃弹穿透本章参试的所有“三明治”结构时，穿靶余速均在 550m/s 以上。穿透后硬质弹芯破坏，或全部碎裂成碎块团，或仅有弹头部分较为完整；弹头在木材里留下大于弹头直径的空腔。

表 8-5　“三明治”结构抗 12.7mm 穿燃弹侵彻后的性能

编号	第一层		第二层		第三层		着速* /(m/s)	着速** /(m/s)	穿靶余速 /(m/s)	木材内空腔直径 /cm	弹芯
	材料	厚度 /mm	材料	厚度 /mm	材料	厚度 /mm					
M-6	A	4.16	C(横)	196	B	8.00	856	880.6	—	3.0	碎裂
M-25	A	4.08	C(横)	196	B	8.04	841	865.9	688	3.0	弹头+碎渣
M-11	A	4.02	C(顺)	200	B	8.04	845	861.1	584	3.5	弹头+碎渣
M-12	A	4.02	C(顺)	200	B	8.00	831	863.5	—	4.0	碎裂
M-17	A	3.92	C(横)	157	B	16.02	833	858.7	566	4.0	弹头+碎渣
M-18	A	3.94	C(横)	157	B	15.96	828	861.1	—	3.0	碎裂
M-23	A	3.92	C(顺)	160	B	16.04	828	863.5	633	4.5	弹头+碎渣
M-24	A	4.12	C(顺)	160	B	16.00	846	878.1	577	4.0	弹头+碎渣

注：A 为 06Cr19Ni10；B 为 30CrMoA；C 为木材；()内“横”表示横纹、“顺”表示顺纹；着速*为高速摄影测量值；着速**为光幕测量值(high-precision shooting chronograph E9900-X)。

2. “三明治”结构破坏形貌

与普通弹不同，穿燃弹弹头内含有燃烧剂，撞靶后燃烧剂引燃，将增强弹头的毁伤效果。侵彻后“三明治”结构的前覆钢板、木材与背覆钢板的破坏形貌见图 8-13。由图 8-13 可知，前覆钢板的着靶面熏黑的痕迹较小，而其着靶背面几乎全部被熏黑，这说明弹头内燃烧剂应在穿透前覆钢板后才被引燃。弹头将横纹木材沿平行纤维方向劈开，而弹头在顺纹木材内形成过弹孔的多条裂纹。木材均被熏黑，说明弹头内燃烧剂在侵彻木材过程中一直在燃烧。由弹头在背覆钢板上留下的弹孔形状可知，多数弹头撞击背覆钢板时已发生偏转，在背覆钢板上留下椭圆弹孔。大角度斜撞击背覆钢板是穿透“三明治”结构后硬质弹芯碎裂的重要原因。

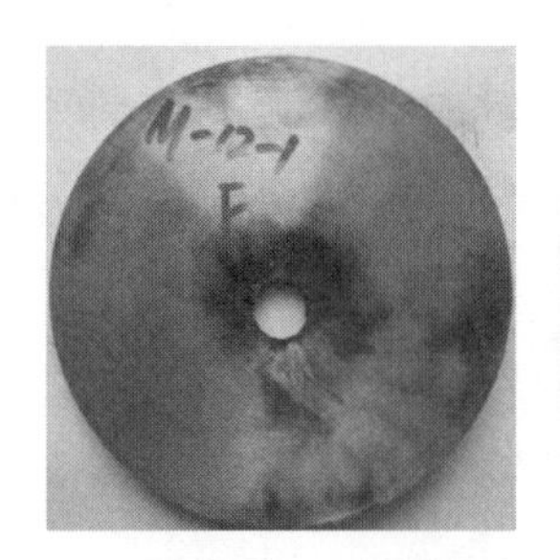

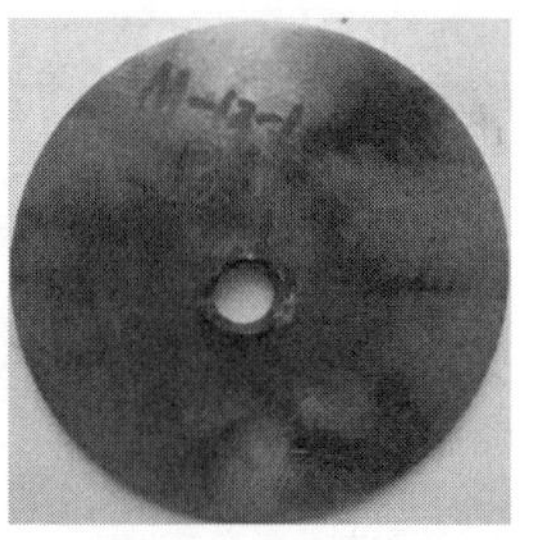

(a) 4mm厚06Cr19Ni10前覆钢板，从左至右：着靶面、着靶背面

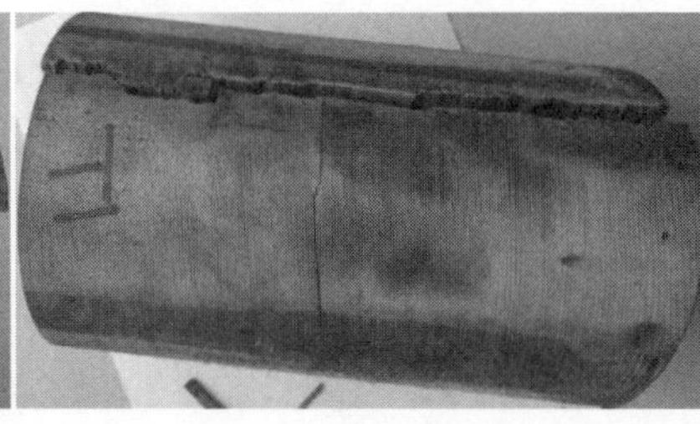
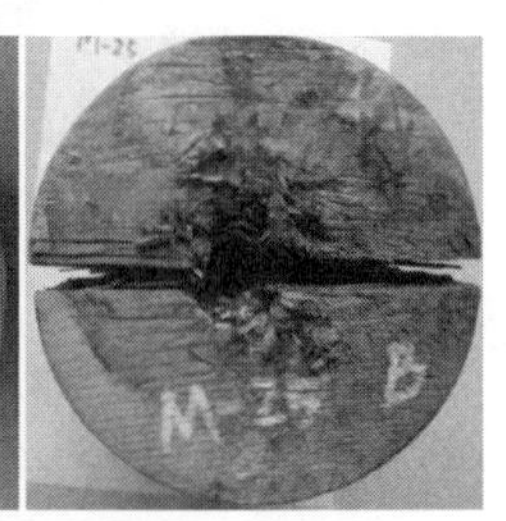

(b) 横纹木材，从左至右：着靶面、侧面(子弹从左至右)、着靶背面

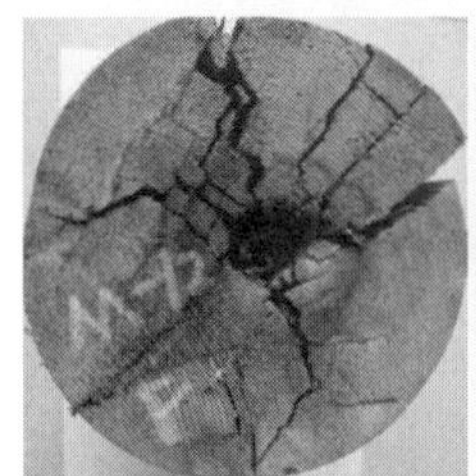
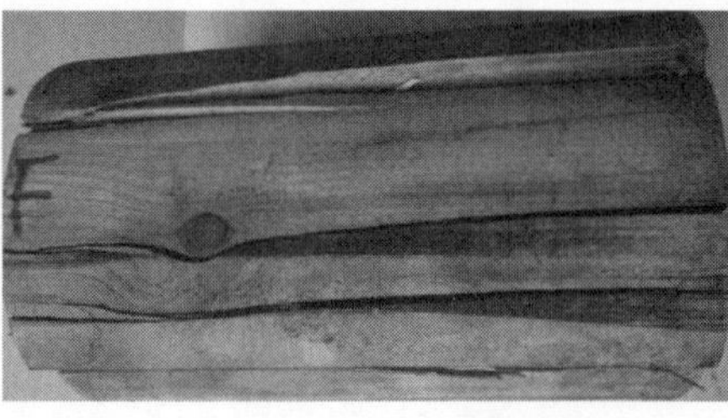
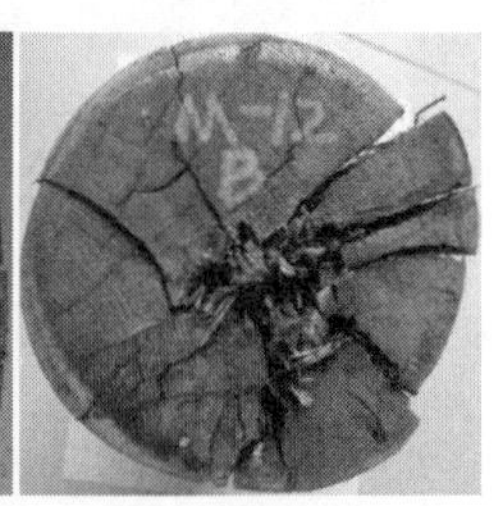

(c) 顺纹木材，从左至右：着靶面、侧面(子弹从左至右)、着靶背面

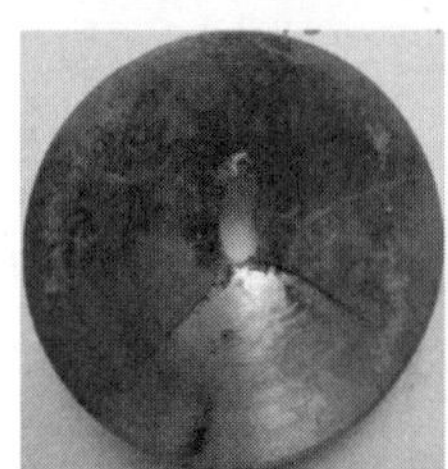
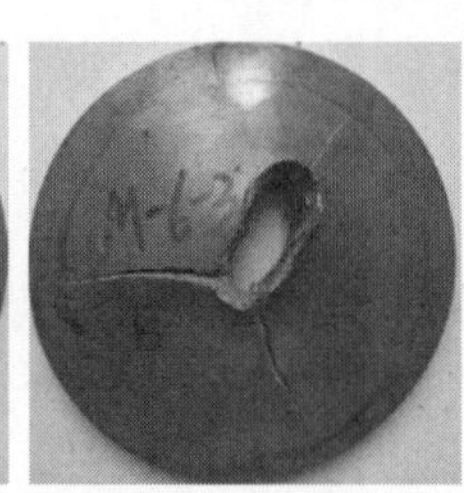
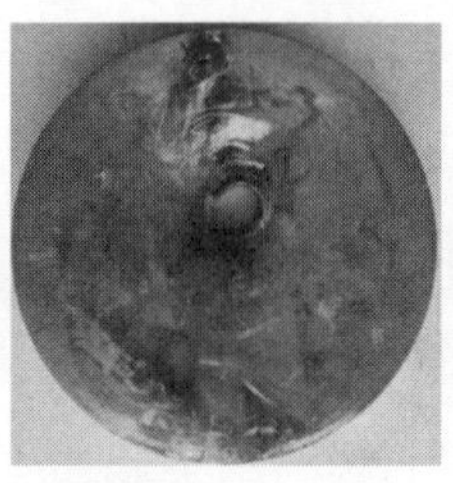

(d) 试验M-6与M-25中8mm厚的30CrMoA背覆钢板，F为着靶面、B为着靶背面

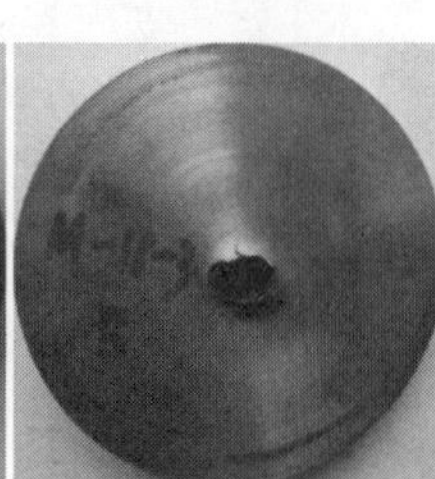

(e) 试验M-18与M-17中16mm厚的30CrMoA背覆钢板，F为着靶面、B为着靶背面

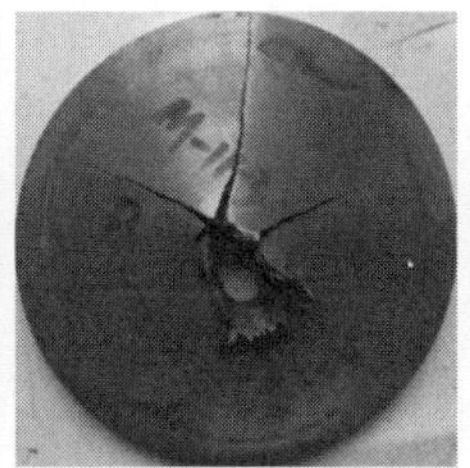

(f) 试验M-11与M-12中8mm厚的30CrMoA背覆钢板，F为着靶面、B为着靶背面

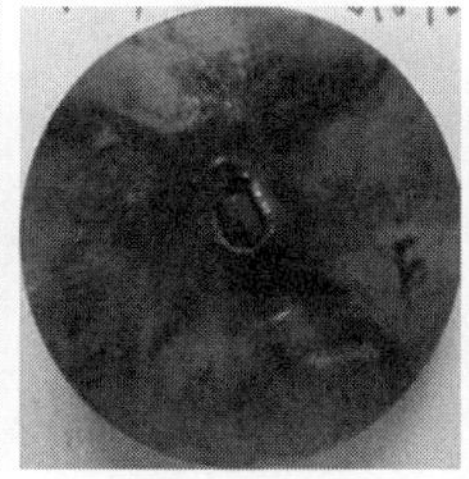
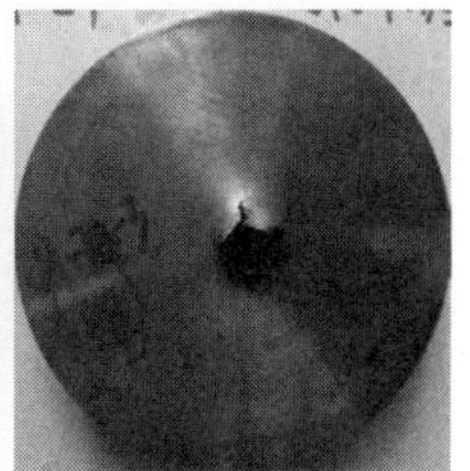

(g) 试验M-23与M-24中16mm厚的30CrMoA背覆钢板，F为着靶面、B为着靶背面

图 8-13　“三明治”结构被 12.7mm 穿燃弹穿透后的破坏形貌

被 12.7mm 穿燃弹打击后，“三明治”结构内木材几乎全部解体，可轻易剖开展示木材内侵彻弹道，见图 8-14。可以看出，整个剖面均有熏黑的痕迹，说明弹头内燃烧剂与空气的反应时间和弹头侵彻木材的时间相当。由表 8-5 可知，木材中空腔直径明显大于弹头直径，也是燃烧剂反应对靶标毁伤的增强效应。横纹木材主要是纤维阻碍弹头运动，而顺纹木材仅需挤开纤维即可前行。子弹在木材内运动轨迹的偏转较 5.8mm 普通弹与 7.62mm 普通弹小。

(a) 200mm厚的横纹木材，子弹从上向下侵入

(b) 160mm厚的横纹木材，子弹从上向下侵入

(c) 200mm厚的顺纹木材，子弹从上向下侵入

(d) 160mm厚的顺纹木材，子弹从上向下侵入

图 8-14 12.7mm 穿燃弹穿透木材后的木材剖面视图

8.2.4 “三明治”结构抗三种子弹打击的破坏对比

对比三种子弹对“三明治”结构的破坏效果可知，侵彻能力最强的是 12.7mm 穿燃弹，5.8mm 普通弹与 7.62mm 普通弹的侵彻能力相当。

从宏观破坏形貌可知，5.8mm 普通弹与 7.62mm 普通弹对“三明治”结构的破坏类似，即仅穿透前覆钢板，部分穿透木材，而仅在被覆钢板内留下印痕，即无法穿透本书参试的所有“三明治”结构。弹头在顺纹木材着靶面留下圆形弹孔，弹孔周围无裂纹；而其在横纹木材中留下圆形弹孔，以及一条过弹孔贯穿整个着靶面的裂纹，裂纹沿与纤维方向平行平面与弹头运动方向扩展。7.62mm 普通弹留下的裂纹张口距离大于 5.8mm 普通弹。

结合木材细观结构可知，其主要由近似平行纤维与软黏结基质组成，纤维强度显著高于黏结基质。弹头侵彻木材时，沿侵彻路径对木材施加横向扩张力。在横纹木材中，由于纤维强度较高，存在一个黏结强度较为薄弱的面，其与纤维方向平行。当弹头侵彻施加的横向扩张力足够大时，将使横纹木材沿结合力较为薄弱的面解离，形成张口裂纹。这就是横纹木材中存在一条过弹孔贯穿横截面的裂纹的主要原因。在顺纹木材中，纤维方向近似与弹体运动方向平行，无明显的结合力薄弱平面存在。因此，弹头对顺纹木材施加的横向扩张力由过弹孔的所有平面均分。实验证明，5.8mm 普通弹与 7.62mm 普通弹的弹头侵彻顺纹木材的横向扩张力过小，各平面均分后尚不足以使平面解离，因此侵彻后无明显裂纹。

与普通弹打击不同，12.7mm 穿燃弹对“三明治”结构的侵彻破坏效果更为剧烈，本章所有参试的“三明治”结构均被穿燃弹击穿，且剩余弹芯仍有高于 550m/s 的穿靶余速。与普通弹相比，穿燃弹对木材的宏观破坏形貌也有显著差异。首先，由于反应燃烧剂的作用，弹头在木材中形成明显大于弹头直径的空腔，且裂纹解理面全部被熏黑。其次，针对横纹木材，穿燃弹直接沿结合薄弱面将其劈开成两半；而针对顺纹木材，穿燃弹穿透后形成过弹孔的数条贯穿横截面裂纹。这都说明穿燃弹弹头侵彻木材时横向扩张力足够大，不仅将横纹木材劈开，还可以在扩张力均分后，仍可打开顺纹木材数个解理面。

“三明治”结构中各组元面密度对比见表 8-6，可以看出，前覆钢板、木材与被覆钢板的面密度相当，前覆钢板的面密度最小。从防护效果来看，由于木材的强度远小于前覆钢板与背覆钢板的强度，“三明治”结构的主要防护仍需依靠前覆钢板与背覆钢板。对比而言，弹头需切断纤维方能在横纹木材中前进，而针对顺纹木材，弹头仅需挤开软纤维即可在软黏结基质中前行，因此横纹木材的抗侵彻性能优于顺纹木材。将在 8.4 节定量对比“三明治”各组元抗枪击性能。

表 8-6 “三明治”结构中各组元面密度对比

材料	厚度/mm	密度/(kg/m^3)	面密度/(kg/m^2)
木材	160	413	66.1
	200		82.6
钢板	4	7850	31.4
	8		62.8
	16		125.6

8.3 “三明治”结构抗枪击性能表征

8.3.1 “三明治”结构组元抗枪击性能表征模型

1. 单层靶弹道极限速度表征模型——Recht-Ipson(RI)模型

弹道极限速度是常用来定量表征薄靶抗侵彻性能的重要参数。弹道极限速度越高，靶抗侵彻性能越强。

基于能量守恒，假设弹头为刚体且不同着靶速度弹头穿透靶板消耗能量为常数，Recht 和 Ipson[3]在 1963 年建立了著名的 Recht-Ipson(RI)模型，其建立了弹头着靶速度V_0、穿靶余速V_r与靶板弹道极限速度V_{bl}之间的关系为

$$V_r = \frac{1}{1+\lambda}\sqrt{V_0^2 - V_{\mathrm{bl}}^2} \tag{8-1}$$

式中，λ为靶板形成的塞块有效质量m^*与弹头质量M之比。当靶板无塞块形成时，$\lambda=0$。塞块有效质量m^*可表示为

$$m^* = m\left(\frac{V_{\mathrm{pl}}}{V_r}\right)^2 \tag{8-2}$$

式中，m为塞块质量；V_{pl}为塞块运动速度。

依据 RI 模型，理论上仅需一发穿透实验，即可确定靶板的弹道极限速度。且穿透实验的着靶速度与弹道极限速度差别较大时，计算得到的弹道极限速度可靠性越高。这显著地减少了确定靶板弹道极限速度的实验次数。

基于类似的假设，还建立了 Lambert-Jonas 模型[4]、Rosenberg-Dekel 模型[5]、Ben-Dor 模型[6]等，用于拟合靶板弹道极限速度。然而，RI 模型以理论基础明晰且形式简单获得广泛青睐，仍是现在用于解释靶板弹道极限速度的最常用理论模型。

针对本章的前覆钢板与背覆钢板，作者分别开展了其单层板抗三种参试子弹的侵彻实验。依据 RI 模型，获得了各钢板的弹道极限速度，见表 8-7。通过对比弹道极限速度，可知同类型靶板，12.7mm 穿燃弹的弹道极限速度明显小于 5.8mm 普通弹和 7.62mm 普通弹的弹道极限速度。这说明 12.7mm 穿燃弹的侵彻毁伤性能最强，5.8mm 普通弹与 7.62mm 普通弹的弹道极限速度差别不大，二者的侵彻能力相当。这与宏观破坏形貌对比的结论一致。

表 8-7　“三明治”结构中前覆与背覆钢板弹道极限速度

钢板材料	钢板厚度/mm	子弹类型	弹道极限速度/(m/s)
06Cr19Ni10	4	5.8mm 普通弹	487
		7.62mm 普通弹	512
		12.7mm 穿燃弹	265
30CrMoA	8	5.8mm 普通弹	784
		7.62mm 普通弹	684
		12.7mm 穿燃弹	366
	16	5.8mm 普通弹	未击穿
		7.62mm 普通弹	未击穿
		12.7mm 穿燃弹	499

2. 侵彻半无限靶刚性弹侵彻深度表征模型——dynamic-cavity-expansion (DCE) 模型

动态空腔膨胀（dynamic-cavity-expansion，DCE）模型常用于表征半

无限靶对刚性弹的侵彻阻力，其将靶介质从侵彻隧道向外依次划分为空腔区、塑性变形区、弹性区与无扰动区，弹体表面压力可表征为[7，8]

$$p = R_t + \rho_t v_n^2 \tag{8-3}$$

依据牛顿第二定律，可获得刚性弹在半无限大靶介质内的侵彻深度 Z[7，8]，即

$$Z = \frac{2M_c}{\pi d_c^2 N^* \rho_t} \ln\left(1 + \frac{N^* \rho_t V_0^2}{R}\right) \tag{8-4}$$

式中，M_c 为刚性弹质量；d_c 为弹体直径；N^* 为弹头形状因子，无量纲；ρ_t 为靶密度；R 为靶动态抗压强度。若弹体头部形状为截卵形，其头部形状因子可表示为

$$N^* = \frac{2}{d_c^2} \int_0^{h_1} \frac{y y'^3}{1 + y'^2} dx + \frac{d_1^2}{d_c^2} \tag{8-5}$$

式中，h_1 为刚性弹头部长度；$y = y(x)$ 为刚性弹头部的轮廓函数，$y' = dy/dx$；d_1 为刚性弹头部截平面直径，当 d_1=0mm 时，式(8-5)表示尖卵形弹体头部形状因子。

本章参试的“三明治”结构中，普通弹打击后，部分木材未被穿透，可依据 DCE 模型表征弹头在木材内侵彻行为。5.8mm 普通弹穿透前覆钢板后弹头形貌见图 8-15，可见，弹头的头尖部弹皮已破开呈花瓣形，但大部分弹皮仍随弹芯飞行，弹芯完整且几乎无变形。7.62mm 普通弹穿透前覆钢板后弹头形貌类似，不再详述。这说明穿透前覆钢板后，弹皮较软且已破开呈花瓣状，对木材的侵彻破坏作用可以忽略；弹头内弹芯将在侵彻木材过程中发挥主要作用，且侵彻过程中几乎无形变，可假设为刚体。已知前覆钢板弹道极限速度，弹芯侵彻木材的初速度可由式(8-1)计算。

基于 5.8mm 与 7.62mm 普通弹侵彻木材的实验结果，可拟合得到横纹与顺纹木材动态抗压强度，见表 8-8。由表 8-8 可知，当抗相同类别子弹打击时，顺纹木材的动态抗压强度小于横纹木材；当木材类别相同时，抗 5.8mm 普通弹打击的动态抗压强度大于其抗 7.62mm 普通弹打击的强度值。

图 8-15　5.8mm 普通弹穿透前覆钢板后弹头形貌

表 8-8　横纹与顺纹木材抗 5.8mm 普通弹与 7.62mm 普通弹打击的动态抗压强度对比

木材类别	子弹类别	动态抗压强度/MPa
顺纹	5.8mm 普通弹	147.7
	7.62mm 普通弹	101.4
横纹	5.8mm 普通弹	216.7
	7.62mm 普通弹	142.8

“三明治”结构中木材内侵彻深度模型预测与实验结果对比见表 8-9。由表 8-9 可知，模型预测结果与已有实验结果的偏差在±11%以内，吻合良好。

表 8-9　“三明治”结构中木材内侵彻深度模型预测与实验结果对比

弹种	实验编号	木材厚度/mm	木材类型	着靶速度/(m/s)	穿透前覆钢板弹芯余速/(m/s)	木材中垂直侵彻深度		
						实验值/mm	预测值/mm	偏差/%
7.62mm 普通弹	M-3	195.5	横纹	749	547	117	129	10
	M-5	195.0	横纹	756	557	144	133	-8
	M-15	155.8	横纹	753	552	128	131	2
	M-16	155.0	横纹	753	552	136	131	-4
	M-9	199.1	纵纹	750	548	168	176	5
	M-10	199.3	纵纹	771	577	穿透(200)*	193	-4
	M-21	159.2	纵纹	749	547	穿透	175	—
	M-22	159.4	纵纹	756	557	穿透	181	—
5.8mm 普通弹	M-1	196	横纹	959.2	826	147	133	-10
	M-13	156	横纹	968.2	837	123	136	11

续表

弹种	实验编号	木材厚度/mm	木材类型	着靶速度/(m/s)	穿透前覆钢板弹芯余速/(m/s)	木材中垂直侵彻深度		
						实验值/mm	预测值/mm	偏差/%
5.8mm普通弹	M-14	157	横纹	971.2	840	穿透	137	—
	M-7	200	纵纹	983.6	854	171	187	9
	M-8	200	纵纹	971.2	840	穿透(200)*	183	-9
	M-19	160	纵纹	962.2	830	穿透	180	—
	M-20	160	纵纹	941.8	806	穿透	172	—

注：*为穿透木材且撞击背覆钢板后，弹芯几乎无变形，认为弹芯穿透木材后剩余速度接近 0m/s，即弹芯在木材内侵彻深度约为200mm。

8.3.2 “三明治”结构抗枪击性能表征

“三明治”结构实际上是多层组合靶。不同速度着靶后，弹头将停留在“三明治”结构中的不同位置。可依据弹头着靶速度，预测弹头停留位置，以便快速判断其对“三明治”结构的破坏情况。

本章研究的“三明治”结构抗枪击共有以下4种情形，见图8-16。

(1)弹头嵌入前覆钢板。

(2)弹头嵌入木材。

(3)弹头嵌入背覆钢板。

(4)弹头穿透“三明治”结构。

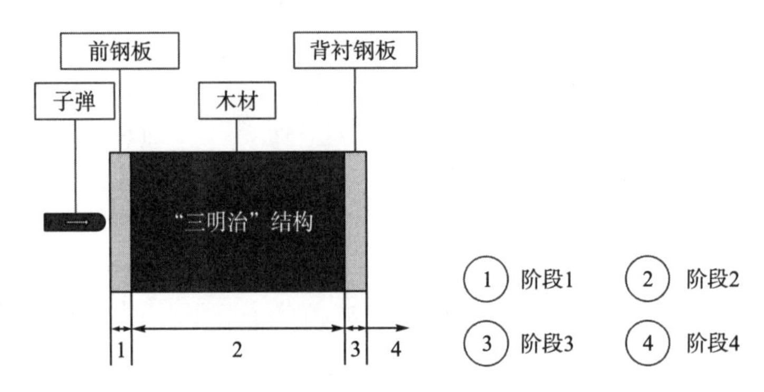

图8-16　弹头穿多层靶情形分类图

在表征弹头对“三明治”结构的破坏效应时，做了以下假设。

(1)穿透前覆钢板时，弹头假设为刚体。依据前覆钢板抗枪击性能实验观察，本章参试的三种制式弹头近距离打击前覆钢板，大部分弹皮及几乎未变形弹芯将其穿透，携剩余动能侵入木材。因此，穿透前覆钢板时，弹头可假设为刚体。

(2)侵彻木材时，弹芯发挥主要毁伤作用，且弹芯可假设为刚体。单层前覆钢板枪击实验高速摄影显示，穿透前覆钢板后弹皮一般在头部破坏成花瓣状，弹皮强度较弹芯低且头部撕裂成花瓣状，其对木材的侵彻毁伤效应可忽略，主要是弹芯发挥毁伤作用。回收后弹芯显示，嵌入木材内弹芯几乎无变形，可假设为刚体。

(3)仅考虑弹芯对背覆钢板的侵彻作用。在上述假设前提下，采用 RI 模型表征“三明治”结构中组元的抗侵彻性能，DCE 模型表征弹头在组元木材中嵌入的性能，以获得不同阶段的弹头着靶速度范围。即

阶段 1：弹头嵌入在前覆钢板。当弹头着靶速度满足$V_0 < V_{bl(1)}$时，“三明治”结构破坏处于阶段 1。$V_{bl(1)}$表示前覆钢板的弹道极限速度。

阶段 2：弹头嵌入在木材内。此时弹头着靶速度应满足$V_{bl(1)} \leqslant V_0 < \sqrt{V_w^2 + V_{bl(1)}^2}$。其中$V_w$为“三明治”结构内木材弹道极限速度，其可依据式(8-1)表示为

$$V_w = \sqrt{\frac{R}{N^* \rho_t}\left[\exp\left(\frac{\pi d_c^2 N^* \rho_t H_w}{2M_c}\right) - 1\right]} \tag{8-6}$$

式中，H_w为木材厚度；R为木材动态抗压强度，与纤维方向和打击弹种相关。

阶段 3：弹头嵌入背覆钢板。依据式(8-4)，弹芯穿透木材侵入背覆钢板的速度与木材厚度有如下关系：

$$H_w = \frac{2M_c}{\pi d_c^2 N^* \rho_t} \ln\left(\frac{R + N^* \rho_t V_{w(1)}^2}{R + N^* \rho_t V_{w(2)}^2}\right) \tag{8-7}$$

式中，$V_{w(1)}$和$V_{w(2)}$分别为侵入和穿透木材后的弹芯速度。依据式(8-1)，

侵入木材的弹芯速度可表示为

$$V_{w(1)} = \sqrt{V_0^2 - V_{bl(1)}^2} \tag{8-8}$$

刚性弹芯不能穿透背覆钢板，应有$V_{w(2)} < V_{bl(2)}$，其中，$V_{bl(2)}$为背覆钢板弹道极限速度。联立式(8-7)与式(8-8)可得

$$\sqrt{V_w^2 + V_{bl(1)}^2} \leqslant V_0 < \sqrt{V_{bl(1)}^2 + V_{bl(2)}^2 \exp\left(\frac{\pi d_c^2 \rho_t N^* H_w}{2M_c}\right) + V_w^2} \tag{8-9}$$

弹头着靶速度满足式(8-9)时，弹头将嵌入背覆钢板。

阶段 4：弹头穿透“三明治”结构。此时弹头着速应满足：

$$V_0 \geqslant \sqrt{V_{bl(1)}^2 + V_{bl(2)}^2 \exp\left(\frac{\pi d_c^2 \rho_t N^* H_w}{2M_c}\right) + V_w^2}$$

依据上述模型可得5.8mm普通弹与7.62mm普通弹打击“三明治”结构不同阶段的着靶速度范围，见表 8-10。由表 8-10 可知，受制式的5.8mm 普通弹与 7.62mm 普通弹出枪口速度限制，其对“三明治”结构的破坏极限在阶段 3，即本章参试的“三明治”结构可防护这两种普通弹的近距离枪击。

表 8-10　不同阶段“三明治”结构的着靶速度范围

“三明治”结构	弹种	着靶速度范围/(m/s)			
		阶段 1	阶段 2	阶段 3	阶段 4
A(4)+T(200)+B(8)	5.8mm普通弹	$V_0<487$	$487 \leqslant V_0<1197$	$1197 \leqslant V_0<1644$	$V_0 \geqslant 1644$
	7.62mm普通弹	$V_0<512$	$512 \leqslant V_0<867$	$867 \leqslant V_0<1178$	$V_0 \geqslant 1178$
A(4)+L(200)+B(8)	5.8mm普通弹	$V_0<487$	$487 \leqslant V_0<1030$	$1030 \leqslant V_0<1526$	$V_0 \geqslant 1526$
	7.62mm普通弹	$V_0<512$	$512 \leqslant V_0<781$	$781 \leqslant V_0<1116$	$V_0 \geqslant 1116$
A(4)+T(160)+B(16)	5.8mm普通弹	$V_0<487$	$487 \leqslant V_0<1061$	—	—
	7.62mm普通弹	$V_0<512$	$487 \leqslant V_0<801$	—	—
A(4)+L(160)+B(16)	5.8mm普通弹	$V_0<487$	$487 \leqslant V_0<922$	—	—
	7.62mm普通弹	$V_0<512$	$487 \leqslant V_0<729$	—	—

注：A 为 06Cr19Ni10，B 为 30CrMoA，T/L 为横纹/纵纹木材；()中数字为厚度，单位为 mm。

由上述分析可知，针对“三明治”结构，已知其各组元抗枪击性能，即可预测组合结构的抗枪击性能。

8.4　本章小结

本章依据《警用防暴车通用技术条件》(GA 668-2006)，设计了含木材“三明治”结构分别抗 5.8mm 普通弹与 7.62mm 普通弹以及 12.7mm 穿燃弹近距离枪击实验，获得了结构抗枪击性能。实验结果表明，本章参试的“三明治”结构具备防护 5.8mm 普通弹与 7.62mm 普通弹打击的能力，但不能防护 12.7mm 穿燃弹的近距离打击。

“三明治”结构内木材抗枪击性能采用动态抗压强度表征，其与纤维方向及打击弹种相关，即横纹木材防护性能优于顺纹木材，而同纤维方向时，弹径越小，木材动态抗压强度越大。总体而言，木材的动态抗压强度远低于前覆与背覆钢板强度值，因此，前覆与背覆钢板是“三明治”结构中主要防护组元，内部木材对结构防护有一定贡献。

依据弹头最终停留位置，将弹头对“三明治”结构的毁伤分为 4 个阶段。基于结构各组元抗枪击性能，获得了“三明治”结构毁伤各阶段的弹头着靶速度范围表征模型。若已知其各组元抗枪击性能，即可预测组合结构的抗枪击性能。

参考文献

[1] 中华人民共和国公安部. 警用防暴车通用技术条件：GA 668—2006[S]. 北京：中国标准出版社, 2006.

[2] 钟卫洲, 邓志方, 魏强, 等. 不同加载速率下木材失效行为的多尺度数值分析[J]. 中国测试, 2016, 42(10): 79-84.

[3] Recht R F, Ipson T W. Ballistic perforation dynamics[J]. Journal of Applied Mechanics, 1963, 30(3): 384-390.

[4] Lambert J P, Jonas G H. Towards standardization in terminal ballistics testing: Velocity representation, ADA-021389 [R]. 1976.

[5] Rosenberg Z, Dekel E. Terminal Ballistics[M]. Berlin: Springer, 2012.

[6] Ben-Dor G, Dubinsky A, Elperin T. A model of high speed penetration into ductile targets[J]. Theoretical and Applied Fracture Mechanics, 1998, 28(3): 237-239.

[7] Anderson Jr C E. Analytical models for penetration mechanics: A review[J]. International Journal of Impact Engineering, 2017, 108: 3-26.

[8] He L L, Chen X W, He X. Parametric study on mass loss of penetrators[J]. Acta Mechanica Sinica, 2010, 26(4): 585-597.

第 9 章　总结与展望

9.1　总　　结

木质材料是天然木材和人工木材的统称，具有取材方便、纹理美观、耐冲击、保温隔热效果好等优良性能，被广泛地运用于工业和民用建筑，如运输抗冲击容器、房屋建筑和桥梁等领域。本书基于木质材料包装结构设计工程应用背景，主要关注结构材料选取、材料性能参数获取、结构安全评估和布局优化中涉及的材料性能表征方法、实验测试原理、理论分析推导和数值建模技术问题。

木质材料的宏细观力学性能既是其缓冲应用的前提和基础，也是本书的重点研究内容。本书较为系统地研究了几种木质材料从准静态（应变率 10^{-4}/s～10^{-2}/s）、中高应变率（应变率 100/s～3×10^{2}/s）到高应变率（应变率 5×10^{2}/s～10^{3}/s）内宏观力学性能和材料破坏模式。针对天然木材，研究了顺纹、横纹径向和横纹弦向加载下材料力学性能应变率效应。表明屈服强度具有较为明显的应变率强化效应，木材在顺纹压缩下呈褶皱屈曲破坏模式，横纹径向和横纹弦向载荷作用下以滑移歪斜为主要破坏模式，其应力平台幅值、破坏模式与纤维排布方向密切相关。同时横纹径向和横纹弦向性能基本相似，工程分析中木材可近似为横观各向同性材料。针对人工木材，如中纤板和刨花板，其细观结构与天然木材存在较大差异，近似各向同性，材料宏观性能表现出一定的应变率强化效应，破坏模式与应变率关联不大。

为了解释天然木材横观各向同性的宏观力学性能和破坏模式与纤维排布方向的关联性，笔者开展了天然木材从微观到细观层次的多尺度结构响应研究，获得了单根木材微纤维等效抗压力学性能，为木材细观结构材料参数确定奠定了基础。基于木材胞元细观结构，建立了类蜂窝细观结构代表体积单元模型，并通过不同加载速率下代表体积单元力学响应数值分析，获得了应力-应变曲线和破坏模式，从细观层次解释了宏观力学性能及破坏模式与纤维排布方向的关联性。

与此同时，笔者开展了木材圆柱结构与典型包装结构的冲击响应研究，基于 Hill-蔡强度理论，描述了压缩时圆柱面的失效行为，轴向载荷作用下圆柱圆周面失效准则不仅取决于轴向应力和材料的基本力学性能，还与试件轴向变形的应变率及其随时间变化相关，针对含木材的典型包装结构，开展了缩比后结构不同姿态与速度碰撞时的吸能行为研究。实验获得了缓冲吸能木材和外包装钢壳的变形与破坏模式，包装结构通过木材塑性变形及外钢壳产生塑性大变形吸收能量。

同时针对木质材料典型包装结构，开展了其局部抗冲击性能实验研究。将抗冲击靶体等效为钢板夹木材的“三明治”结构，分别开展了抗制式的 5.8mm 普通弹、7.62mm 普通弹和 12.7mm 穿燃弹近距离枪击实验。实验结果表明，“三明治”结构具备前两种普通弹的抗侵彻能力，而不能防御 12.7mm 穿燃弹的近距离枪击；同时发现木材抗枪击性能与纤维方向密切相关，木材沿顺纹方向抗枪击侵彻能力不及其横纹径向和横纹弦向抗枪击防御能力。

9.2 展　　望

目前已有研究工作较为深入地研究了木质材料微细观结构排列、宏观静动态各向异性力学性能及其温度、湿度、应变率敏感性问题，但对木材作为各向异性纤维复合材料，还不能采用一套成熟的本构理论模型描述其弹性-塑性大变形-破坏行为，同时在工程应用研究中缺乏对其力学性能随外界环境条件改变的“定量”变化规律研究，因此，在针对木质材料大变形本构理论研究和工程结构优化设计领域，建议在以下几个方面开展工作：

(1) 木材沿横纹径向和横纹弦向力学性能差异性不大，在理论分析与数值模拟中可近似等效为横观各向同性材料，并采用相应的本构模型和强度准则描述其弹性变形和失效行为。但目前已有的各向异性材料本构模型仅能对弹性小变形行为进行描述，尚不能对其塑性大变形行为进行分析，导致对该类材料塑性大变形进行分析时，通常采用各向同性材料本构模型进行等效，并对其材料参数进行修正，通过人为干预实现其塑性大变形行为的近似分析。因此为了提升木材类各向异性材料大变形理论研究深度和数值分析的有效性，需开展可描述此类材料塑性大变形行为的本构模型研究。

(2) 木材作为天然多胞材料，力学性能除具有各向异性特征外，还与含水量、应变率、温度和生长季节等外界因素有关。当木材被作为结构部件材料使用时应考虑环境因素和服役时间对其力学性能的影响，评估含水量变化导致其力学性能的变化是否影响工程结构的安全使用，以及密闭环境下木材胞元结构中水分的析出是否对其他部件产品带来不利影响。因此在涉及精密仪器和高价值产品的木材包装结构设计时需考虑木质材料物理、化学性能随环境条件的变化情况，开展涉及方向布局、温度、湿度和时间等多因素耦合影响的木质包装结构优化设计研究。

(3) 木质胞元结构在压实前具有一定自由变形间隙，呈现“体积可压缩”现象，随着压缩变形量的增大，胞元间隙逐步被填充，随之出现“体积不可压”特征，因此将木材作为包装缓冲材料使用时，需结合保护产品承受力学条件和潜在冲击环境综合考虑，进行合理的尺寸选取和布局，避免约束条件下木材轴向大变形产生横向高应力挤压，需开展针对性的缓冲结构设计优化，加强木质结构平台应力设计和改善压实阶段横向挤压力学环境方面的研究工作。

(4) 目前天然木材力学性能参数的获取主要依据相关行业标准执行，标准要求实验测试基于无缺陷试样进行，试样截取位置远离树木髓心和表皮，同时制备过程中剔除节子、裂纹等缺陷；而实际工程应用中涉及的木材构件尺寸相对较大，无法完全避免瑕疵的存在，若采用无缺陷试样力学性能参数对大尺寸木材构件进行强度评估将导致不准确的评估结论，给木质结构的正常使用带来安全隐患。因此针对木材大构件结构评估时，应结合木材缺陷情况对容许应力进行折减，应对构件不同位置进行取材制样，测试其力学性能，分析木材构件不同位置材料性能的一致性，提升木材大构件结构承载能力评估的置信度。

索　引

B

胞元结构……3
包装箱模型结构……144
波阻抗……17

D

代表体积元……131
弹道极限速度……182
多尺度数值分析……125

G

高应变率加载……87

H

Hill-蔡强度理论……15
横观各向同性……79

K

抗枪击性能……163
空间屈服面……79

N

能量耗散机制……60

S

顺纹压缩屈曲……127

T

体积不可压……13

Y

压缩吸能……35
应变率效应……21
应力场……109
应力平台……3

Z

中应变率加载……68